普通高等教育"十一五"国家级规划教材

丛书主编 谭浩强

高等院校计算机应用技术规划教材

基础教材系列

Visual FoxPro
实验指导与习题

李军 姜书浩 等编著

U0143590

清华大学出版社
北京

内 容 简 介

本书是与《Visual FoxPro 及其应用系统设计》(ISBN 978-7-302-21379-6)配套的辅助教材。本书主要以主教材为导向,设计了 18 个基础实验、4 个综合实验和 1 个系统开发实践性实验,每个实验都给出了明确的实验目的和实验要求以及详略得当的实验步骤,并附有思考问题,基础和综合实验全部正确完成后即可得到一个简单完整的数据库应用系统。附录部分包括根据所配套教材各章节内容编写的习题,并附有习题参考答案,供教师和学生使用。

本书实验内容丰富、翔实、系统,十分适合于教学指导;习题内容包涵范围广,知识点运用灵活多样,十分适合知识的掌握和考核。

图书在版编目(CIP)数据

Visual FoxPro 实验指导与习题 / 李军,姜书浩等编著 . —北京:清华大学出版社,2010.3

(高等院校计算机应用技术规划教材·基础教材系列)

ISBN 978-7-302-21378-9

Ⅰ. ①V… Ⅱ. ①李… Ⅲ. ①关系数据库－数据库管理系统,Visual FoxPro－程序设计－高等学校－教学参考资料 Ⅳ. ①TP311.138

中国版本图书馆 CIP 数据核字(2010)第 022504 号

责任编辑:汪汉友
责任校对:李建庄
责任印制:孟凡玉

出版发行:	清华大学出版社	地 址:	北京清华大学学研大厦 A 座
	http://www.tup.com.cn	邮 编:	100084
社 总 机:	010-62770175	邮 购:	010-62786544
投稿与读者服务:	010-62776969,c-service@tup.tsinghua.edu.cn		
质 量 反 馈:	010-62772015,zhiliang@tup.tsinghua.edu.cn		

印 装 者:北京鑫海金澳胶印有限公司

经 销:全国新华书店

开 本:	185×260	印 张:	12.25	字 数:	303 千字
版 次:	2010 年 3 月第 1 版			印 次:	2010 年 3 月第 1 次印刷
印 数:	1～4000				
定 价:	19.00 元				

编辑委员会

《高等院校计算机应用技术规划教材》

序

《高等院校计算机应用技术规划教材》

进入21世纪,计算机成为人类常用的现代工具,每一个人都应当了解计算机,学会使用计算机来处理各种事务。

学习计算机知识有两种不同的方法:一种是侧重理论知识的学习,从原理入手,注重理论和概念;另一种是侧重于应用的学习,从实际入手,注重掌握其应用的方法和技能。不同的人应根据其具体情况选择不同的学习方法。对多数人来说,计算机是作为一种工具来使用的,应当以应用为目的、以应用为出发点。对于应用型人才来说,显然应当采用后一种学习方法,根据当前和今后的需要,选择学习的内容,围绕应用进行学习。

学习计算机应用知识,并不排斥学习必要的基础理论知识,要处理好这二者的关系。在学习过程中,有两种不同的学习模式:一种是金字塔模型,亦称为建筑模型,强调基础宽厚,先系统学习理论知识,打好基础以后再联系实际应用;另一种是生物模型,植物并不是先长好树根再长树干,长好树干才长树冠,而是树根、树干和树冠同步生长的。对计算机应用型人才教育来说,应该采用生物模型,随着应用的发展,不断学习和扩展有关的理论知识,而不是孤立地、无目的地学习理论知识。

传统的理论课程采用以下三部曲:提出概念—解释概念—举例说明,这适合前面第一种侧重知识的学习方法。对于侧重应用的学习者,我们提倡新的三部曲:提出问题—解决问题—归纳分析。传统的方法是:先理论后实际,先抽象后具体,先一般后个别。我们采用的方法是:从实际到理论,从具体到抽象,从个别到一般,从零散到系统。实践证明这种方法是行之有效的,减少了初学者在学习上的困难。这种教学方法更适合于应用型人才的培养。

检查学习好坏的标准,不是"知道不知道",而是"会用不会用",学习的目的主要在于应用。因此希望读者一定要重视实践环节,多上机练习,千万不要满足于"上课能听懂、教材能看懂"。有些问题,别人讲半天也不明白,自己一上机就清楚了。教材中有些实践性比较强的内容,不一定在课堂上由老师讲授,而可以指定学生通过上机掌握这些内容。这样做可以培养学生的自学能力,启发学生的求知欲望。

全国高等院校计算机基础教育研究会历来倡导计算机基础教育必须坚持面向应用的正确方向,要求构建以应用为中心的课程体系,大力推广新的教学三部曲,这是十分重要的指导思想,这些思想在《中国高等院校计算机基础课程》中作了充分的说明。本丛书完全符合并积极贯彻全国高等院校计算机基础教育研究会的指导思想,按照《中国高等院校计算机基础教育课程体系》组织编写。

这套《高等院校计算机应用技术规划教材》是根据广大应用型本科和高职高专院校的迫切需要而精心组织的,其中包括4个系列:

(1) 基础教材系列。该系列主要涵盖了计算机公共基础课程的教材。

(2) 应用型教材系列。适合作为培养应用型人才的本科院校和基础较好、要求较高的高职高专学校的主干教材。

(3) 实用技术教材系列。针对应用型院校和高职高专院校所需掌握的技能技术编写的教材。

(4) 实训教材系列。应用型本科院校和高职高专院校都可以选用这类实训教材。其特点是侧重实践环节,通过实践(而不是通过理论讲授)去获取知识,掌握应用。这是教学改革的一个重要方面。

本套教材是从1999年开始出版的,根据教学的需要和读者的意见,几年来多次修改完善,选题不断扩展,内容日益丰富,先后出版了60多种教材和参考书,范围包括计算机专业和非计算机专业的教材和参考书;必修课教材、选修课教材和自学参考的教材。不同专业可以从中选择所需要的部分。

为了保证教材的质量,我们遴选了有丰富教学经验的高校优秀教师分别作为本丛书各教材的作者,这些老师长期从事计算机的教学工作,对应用型的教学特点有较多的研究和实践经验。由于指导思想明确、作者水平较高,教材针对性强,质量较高,本丛书问世以来,愈来愈得到各校师生的欢迎和好评,至今已发行了240多万册,是国内应用型高校的主流教材之一。2006年被教育部评为普通高等教育"十一五"国家级规划教材,并向全国推荐。

由于我国的计算机应用技术教育正在蓬勃发展,许多问题有待深入讨论,新的经验也会层出不穷,我们会根据需要不断丰富本丛书的内容,扩充丛书的选题,以满足各校教学的需要。

本丛书肯定会有不足之处,请专家和读者不吝指正。

全国高等院校计算机基础教育研究会会长　　谭浩强
《高等院校计算机应用技术规划教材》主编

2008年5月1日于北京清华园

前言

Visual FoxPro 是小型数据库管理系统的代表,它具有完善的功能、丰富的工具、较高的处理速度、易用的界面以及良好的兼容性等特点。Visual FoxPro 提供了集成的系统开发环境,这使得数据的组织与操纵简单而方便。在语言体系上,Visual FoxPro 不仅支持传统的面向过程的程序设计,而且支持目前最流行的面向对象程序设计,并且具有功能完备的可视化程序设计工具,这些工具使得应用系统的设计工作变得简单而迅速。相对于其他一些数据库管理系统而言,Visual FoxPro 的另一个最大特点是其自带编程环境,由于其程序设计语言和数据库管理系统的结合,所以很适合于初学者学习,更便于教学,这正是 Visual FoxPro 成为常见的数据库系统教学平台的主要原因之一。

本书是与《Visual FoxPro 及其数据库应用系统设计》(ISBN 978-7-302-21379-6)配套的辅助教材。本书主要以主教材为导向,设计了 18 个基础实验、4 个综合实验和 1 个系统开发实践性实验,每个实验都给出了明确的实验目的和实验要求以及详略得当的实验步骤,并附有思考问题,基础和综合实验全部正确完成后即可得到一个简单完整的数据库应用系统;附录部分包括根据所配套教材各章节内容编写的习题,并附有习题参考答案,供教师和学生使用。

本书实验部分由姜书浩编写,习题及解答部分由李军编写,全书由梁静毅统稿及主审。本书在编写和出版过程中得到了天津商业大学潘旭华和清华大学出版社编辑的大力帮助和指导,在此表示衷心的感谢。

在本书的编写过程中,参考了很多优秀的图书资料和网络资料,在此谨向所有作者表示由衷的敬意和感谢。

由于作者学识水平所限,书中难免疏漏与错误,恳请读者不吝赐教。

编　者
2010 年 2 月

目录

▶ **第一部分　语法规则** ………………………………………… 1

　　实验 1　数据类型 ……………………………………… 1
　　实验 2　运算规则 ……………………………………… 2
　　综合实验 I　语法规则综合实验 ………………………… 3

▶ **第二部分　数据库和数据表** …………………………… 4

　　实验 3　表的建立和修改 ……………………………… 4
　　实验 4　表记录的操作（一） …………………………… 6
　　实验 5　表记录的操作（二） …………………………… 9
　　实验 6　索引和查找 …………………………………… 11
　　实验 7　数据库与数据库表 …………………………… 13
　　实验 8　查询与视图 …………………………………… 16
　　实验 9　SQL 语言的查询功能 ………………………… 20
　　实验 10　SQL 语句数据定义与操纵功能 ……………… 22
　　综合实验 II　多表操作综合实验 ……………………… 24

▶ **第三部分　程序设计的基本结构** ……………………… 26

　　实验 11　顺序程序设计 ………………………………… 26
　　实验 12　分支程序设计 ………………………………… 28
　　实验 13　循环程序设计 ………………………………… 31
　　实验 14　过程和自定义函数 …………………………… 34
　　综合实验 III　程序设计综合实验 ……………………… 36

▶ 第四部分　面向对象的程序设计 ……………………………… 38

实验 15　表单设计(一) …………………………………………… 38
实验 16　表单设计(二) …………………………………………… 44
实验 17　报表和标签设计 ………………………………………… 55
实验 18　菜单设计 ………………………………………………… 58
综合实验Ⅳ　简单应用系统设计 ………………………………… 60

▶ 第五部分　综合实践 …………………………………………… 62

综合实验Ⅴ　应用系统的设计与开发 …………………………… 62

▶ 附录 A　习题 …………………………………………………… 65

习题 1 ……………………………………………………………… 65
习题 2 ……………………………………………………………… 69
习题 3 ……………………………………………………………… 70
习题 4 ……………………………………………………………… 79
习题 5 ……………………………………………………………… 98
习题 6 ……………………………………………………………… 127
习题 7 ……………………………………………………………… 145
习题 8 ……………………………………………………………… 151
习题 9 ……………………………………………………………… 154
习题 10 …………………………………………………………… 156

▶ 附录 B　习题参考答案 ………………………………………… 170

习题 1 参考答案 ………………………………………………… 170
习题 2 参考答案 ………………………………………………… 171
习题 3 参考答案 ………………………………………………… 171
习题 4 参考答案 ………………………………………………… 172
习题 5 参考答案 ………………………………………………… 173
习题 6 参考答案 ………………………………………………… 175
习题 7 参考答案 ………………………………………………… 181
习题 8 参考答案 ………………………………………………… 182
习题 9 参考答案 ………………………………………………… 183
习题 10 参考答案 ………………………………………………… 183

第一部分

语法规则

实验1 数据类型

1. 实验目的

(1) 熟悉 Visual FoxPro 6.0 中文版的环境。

(2) 熟悉 Visual FoxPro 6.0 的常量、变量及其基本操作。

2. 实验内容

(1) 使用多种方法启动和关闭 VFP 6.0。

(2) 关闭命令窗口，并重新打开命令窗口。

(3) 设置命令窗口的字体、行间距。

(4) 在 D 盘建立以自己学号为名称的文件夹，并设定为系统当前目录。

(5) 在命令窗口定义内存变量，赋予相应的值，并显示刚定义的全部内存变量。变量名和值见表 1-1。

表 1-1　内存变量

变　量　名	数　据　类　型	数　据　值
C1	字符型	天津商业大学
C2	数值型	1234.5600
L1	逻辑型	.F.
L2	货币型	6543.2100
T1	日期型	2009 年 6 月 21 日
T2	日期时间型	2009 年 7 月 13 日 12 点 00 分 00 秒

(6) 定义一个数组 A(6)，数组中各元素的值分别是(23,.t.，"23"，{^2008-8-8})，其余元素不赋值。重新定义该数组为 A(2,3)，并显示数组的各元素的值。

(7) 显示所有以 C 开头的内存变量；显示除第二个字母为 2 的内存变量外的内存变

量;清除以 L 开头的内存变量。

(8) 给变量 X 赋值 987.65,给 Y 赋值"计算机",给 Z 赋值.T.,给 M 赋值 97 年 9 月 17 日,然后显示内存变量。

(9) 清除内存变量 X、M,显示所有内存变量。

(10) 清除以一个字母为名的内存变量,显示所有内存变量。

实验 2　运算规则

1. 实验目的

(1) 掌握各运算符的意义、操作规则。

(2) 掌握函数的功能、使用方法和使用技巧。

2. 实验内容

(1) 写出下面两个数学表达式对应的 VFP 表达式,并计算 $x=3,y=4$ 时的结果。

$$x/y-(x+y) \quad x^2-4xy$$

(2) 12.54 对 3、−3 做除法结果分别是多少,−12.54 对 3、−3 做除法结果分别是多少。

(3) 用"+"和"−"分别连接"天津　　　　"和"商业大学"两个字符串,结果分别是什么,字符长度分别是多少。

(4) 根据每个同学自己的出生日期,计算出每个同学出生了多少天,现在的年龄是多大。看一下当前的时间,计算一下到下课还有多少秒。

(5) 请计算当前日期前后 100 天各是哪一天。

(6) 现在有 4 个字符串"Computer"、"computer"、"计算机",请在 Machine、PinYin、Stroke 三种排序方式下给它们排列顺序,并通过上机验证。

(7) 试用两种表达方式表述"姓名的第一个字是王"。

(8) 判定下列表达式:4=10 AND 7+2<>9 OR 0=9−9 的运算顺序并计算结果。

(9) 按下列要求写出表达式并计算表达式的值。

① ln13。

② $|-7.45|$。

③ e^3。

④ 求 7 的平方根。

⑤ 133.4 与 62.7 的最大值。

⑥ 求"天津商业大学"的左边一字、两字、中间两字、右边两字。

⑦ 求当前日期、时间。

⑧ 计算 1949 年 10 月 1 日出生的人的年龄。

⑨ 求北京奥运会开幕式那天是星期几。

(10) 分别写出对于 1234.5674 进行四舍五入保留到小数点后第三位、第一位、小数点前第二位的值。

(11) 已知 X 是一个四位整数,求出个、十、百、千位上的数字,并分别赋给变量 A1、B1、C1、D1,写出表达式。

(12) 将字符串"I am a good student! "中所有的字母转为大写字母。

(13) 测试以下几组字符串是否以大写字母开头:

"Computer"、"intel"、"CPU "

(14) 测试字符串"吃葡萄不吐葡萄皮,不吃葡萄倒吐葡萄皮"的长度,其中字符"葡萄"、"吐"出现的次数和位置。

(15) 请利用函数编写表达式证明 time() 函数返回值为字符型。

(16) 计算下列表达式的结果:

99>ASC(F)	CHR(99)>"f"	DTOC(date())
STR(3.1415926,9,7)	STR(3.1415926,9,3)	STR(3.1415926,8)
STR(3.1415926)	VAL("12B45C")	VAL("123")+VAL("32E")

综合实验 I　语法规则综合实验

1. 实验目的

巩固变量、运算符、表达式、函数的使用,进行阶段综合实验。

2. 实验内容

(1) 变量 m="n",n="老王",求表达式 &m 的值。
变量 y="x+1",x=1,求表达式 &y 和 &y * &y 的值。

(2) 给变量 A 赋值:"姚明",给变量 B 赋值:"休斯敦火箭队",求下列表达式的值:"& A. 是 NBA 联赛 & B. 的球员"。重新给变量 A 和 B 分别赋值:"洛杉矶湖人队"和"科比",再计算上述表达式的值。

(3) 计算下列表达式的结果。

"his" $ "This" and int(4.78)=5 or len([计算机])=3

(4) 将今天的日期以"××××年××月××日"的格式显示出来,并用 store 命令将其赋给字符变量 dt。

(5) 字符变量 C2="天津商业大学",通过表达式输出:"商业大学"、"天津"、"天津大学"、"天商"等内容。

(6) 计算表达式 str(1234.567,6,1)的结果,并理解其原因。

第二部分

数据库和数据表

实验3 表的建立和修改

1. 实验目的

(1) 熟悉 Visual FoxPro 基本操作环境。

(2) 掌握使用表设计器建立和修改表结构的过程。

(3) 了解表记录的输入。

2. 实验准备

1) 说明

本课程实验是前后相关的,从本实验开始,请同学注意保存实验数据。因此,在开始实验之前,要准备好保存数据的介质,比如 U 盘。

2) 准备

(1) 在准备好的存储介质上建立一个名为 xsgl 的文件夹。

(2) 启动 Visual FoxPro。

(3) 如果要把数据存放在 U 盘中,注意在做此步骤之前首先要确认一下自己的 U 盘在计算机中的盘符,假设盘符是 E,那么,在 Visual FoxPro 的命令窗口中键入命令:set default to E:\xsgl。

请注意,上述 3 个步骤也是后续各个实验的实验准备,仅在此给出,以后不再赘述。

3. 实验内容

1) 实验 3-1

实验题目:建立学生档案表结构(xsda.dbf)。

实验要求:使用菜单打开表设计器创建的表结构,表结构如表 3-1 所示。

操作步骤:

(1) 选择"文件"|"新建"菜单命令,打开"新建"对话框。

表 3-1　学生档案(xsda)表结构

字　段　名	类　　型	宽　　度	字　段　名	类　　型	宽　　度
学号	C	8	党员否	L	1
姓名	C	8	入学成绩	I	4
性别	C	2	照片	G	4
出生日期	D	8	简历	M	4
班级	C	8			

(2) 在"新建"对话框中,选择文件类型为"表",单击"新建文件"按钮,打开"创建"对话框。

(3) 在"创建"对话框中,确定文件的保存位置为 xsgl 文件夹,在"输入表名:"文本框中输入 xsda,单击"保存"按钮,打开表设计器。

(4) 在表设计器中,按表 3-1 分别定义各字段的属性。

(5) 保存表(xsda.dbf),暂不输入数据记录。

2) 实验 3-2

实验题目:建立学生成绩表结构(xscj.dbf)。

实验要求:使用命令打开表设计器创建的表结构,表结构如表 3-2 所示。

操作步骤:

(1) 在命令窗口中输入如下命令:

```
create xscj
```

(2) 在打开的表设计器中,按表 3-2 分别定义各字段的属性。

(3) 保存表(xscj.dbf),暂不输入数据记录。

3) 实验 3-3

实验题目:建立班级目录表结构(bjml.dbf)。

实验要求:任选菜单或命令方式打开表设计器创建的表结构,表结构如表 3-3 所示。

操作步骤:

(1) 打开表设计器。

表 3-2　学生成绩(xscj)表结构

字　段　名	类　型	宽　度	小数位数
学号	C	8	
高数	I	4	
外语	I	4	
计算机	I	4	
平均分	N	5	1

表 3-3　班级目录(bjml)表结构

字　段　名	类　　型	宽　　度
班级编号	C	8
班级名称	C	12
班级人数	I	4

（2）在打开的表设计器中，按表 3-3 分别定义各字段的属性。

（3）保存表（bjml.dbf），输入数据记录，数据记录如表 3-4 所示。

4）实验 3-4

实验题目：修改学生成绩（xscj.dbf）表结构。

实验要求：在表设计器中修改表结构，修改之后的表结构如表 3-5 所示。

表 3-4　班级目录（bjml）表记录

班级编号	班级名称	班级人数
01050101	市场营销 0501	
01050102	市场营销 0502	
01050201	工商管理 0501	
01050202	工商管理 0502	
02050101	生物工程 0501	
02050102	生物工程 0502	

表 3-5　经过修改的学生成绩（xscj）表结构

字　段　名	类　型	宽　度	小数位数
学号	C	8	
高等数学	I	4	
哲学	I	4	
外语	I	4	
计算机	I	4	
平均分	N	5	1

操作步骤：

（1）打开表 xscj.dbf。

（2）打开表设计器。

（3）将光标移至字段名"高数"，改为"高等数学"。

（4）将光标移至字段名"外语"，单击"插入"按钮，在"高等数学"和"外语"字段之间出现一个"新字段"。"新字段"名改为"哲学"，并按表 3-5 指定其数据类型。

（5）保存表，使表结构为永久性修改。

实验 4　表记录的操作（一）

1. 实验目的

（1）熟练掌握表记录的输入、追加和替换。

（2）熟练掌握表记录数据的浏览和编辑修改。

2. 实验内容

1）实验 4-1

实验题目：给学生档案表（xsda.dbf）输入记录。

实验要求：在表编辑或浏览窗口中输入记录，表记录如表 4-1 所示。

操作步骤：

（1）用下列任意一种方式打开表 xsda.dbf。

• 菜单方式：选择"文件"|"打开"菜单命令，从弹出的"打开"对话框中选择表 xsda.dbf 将其打开。

表 4-1 学生档案(xsda)表记录

学　号	姓名	性别	出生日期	班　级	党员否	入学成绩	照片	简历
20050090	张婷	女	1987.10.29	01050101	否	509	(略)	(略)
20050091	肖萌	女	1987.02.28	01050101	否	527	(略)	(略)
20050092	李铭	男	1986.12.25	01050101	否	573	(略)	(略)
20050093	张力	男	1986.01.24	01050101	否	500	(略)	(略)
20050120	朋蓬	男	1987.05.04	01050201	是	549	(略)	(略)
20050121	李园	女	1987.01.02	01050201	否	533	(略)	(略)
20050122	胡虎	男	1987.07.07	01050201	否	516	(略)	(略)
20050370	刘冬	女	1986.11.07	02050101	是	576	(略)	(略)
20050371	严岩	男	1987.03.20	02050101	否	552	(略)	(略)
20050372	王平	男	1986.12.01	02050101	否	547	(略)	(略)

- 命令方式：在命令窗口键入下列命令：

```
use xsda
```

(2) 选择"显示"|"浏览"菜单命令，打开浏览窗口。

(3) 选择"显示"|"追加方式"菜单命令，按照表 4-1 将除"照片"和"简历"字段以外的数据输入。在输入数据过程中，选择"显示"|"浏览"或"显示"|"编辑"菜单命令可在编辑和浏览两种显示方式之间切换。

(4) 依次双击每条记录"照片"字段的 gen，打开通用型字段编辑窗口，选择"编辑"|"插入对象"菜单命令，在打开的"插入对象"对话框中指定对象类型，比如，位图图像，按照提示将指定对象插入，关闭窗口。

(5) 依次双击每条记录"简历"字段的 memo，打开备注型字段编辑窗口，输入相应记录的简历内容，关闭窗口。

(6) 关闭表记录浏览窗口。

2) 实验 4-2

实验题目：接实验 4-1，浏览学生档案表记录。

实验要求：使用命令方式打开表记录浏览窗口，检查数据是否正确，修改错误数据。

操作步骤：

(1) 在命令窗口键入如下命令，打开表记录浏览窗口。

```
browse
```

(2) 检查数据，如有不妥，直接修改数据。

(3) 关闭表记录浏览窗口。

3) 实验 4-3

实验题目：给学生成绩表(xscj.dbf)输入记录。

实验要求：学号字段数据从学生档案表追加，平均分字段数据暂不输入，其余字段数据见表4-2。

表 4-2　学生成绩（xscj）表记录

学　号	高 等 数 学	哲　学	外　语	计　算　机	平　均　分
20050090	90	87	75	85	
20050091	78	75	89	80	
20050092	84	80	82	85	
20050093	69	65	86	90	
20050120	82	78	80	90	
20050121	88	85	77	85	
20050122	75	79	88	85	
20050370	85	90	79	80	
20050371	66	70	80	80	
20050372	70	75	90	75	

操作步骤：

（1）打开学生成绩表（xscj.dbf）。

（2）打开表记录浏览窗口。

（3）使用下列任意一种方式从学生档案表追加"学号"字段数据。

* 菜单方式：选择"表"|"追加记录"菜单命令。在"追加来源"对话框中，单击"来源于："文本框右边的按钮。在"打开"对话框中选择学生档案表（xsda.dbf），单击"确定"按钮，返回"追加来源"对话框。单击"选项"按钮。在"追加来源选项"对话框中单击"字段"按钮。在"字段选择器"对话框左侧列表中，单击"学号"字段，单击"添加"按钮，使"Xscj.学号"出现在右边的"选定字段"列表中，顺次单击"确定"按钮返回表记录浏览窗口。

* 命令方式：在命令窗口键入如下命令：

```
append from xsda fields 学号
```

（4）在表记录浏览窗口，将表4-2给出的其余数据输入。

4）实验 4-4

实验题目：接实验4-3，给学生成绩表（xscj.dbf）的平均分字段填入数据。

实验要求：用替换方式给"平均分"字段填入数据。

操作步骤：

（1）使用下列任意一种方式给"平均分"字段填入数据。

* 菜单方式：选择"表"|"替换字段"菜单命令。在"替换字段"对话框中，选择"字段"下拉列表中的"平均分"，单击"替换为"右侧的按钮打开"表达式生成器"对话

框,依次双击左下方字段列表中的"高等数学"、"哲学"、"外语"和"计算机",然后在"WITH：＜expN＞"编辑框中,键入运算符和括号,最后形成表达式：(Xscj.高等数学＋Xscj.哲学＋Xscj.外语＋Xscj.计算机)/4,单击"确定"按钮返回"替换字段"对话框,在"作用范围"下拉列表中选择"All",单击"替换"按钮。

- 命令方式：在命令窗口键入如下命令

replace all 平均分 with (高等数学+哲学+外语+计算机)/4

(2) 关闭表记录浏览窗口。

5) 实验 4-5

实验题目：给学生档案表(xsda.dbf)添加空白记录。

实验要求：分别用菜单方式和命令方式完成。

操作步骤：

(1) 打开学生档案表(xsda.dbf)。

(2) 在命令窗口键入如下命令。

append blank

(3) 打开表记录浏览窗口,选择"表"|"追加新记录"菜单命令,重复,可追加多条空白记录。

(4) 关闭浏览窗口。

实验 5　表记录的操作(二)

1. 实验目的

(1) 掌握表记录的删除。

(2) 掌握表的数值统计操作。

(3) 进一步掌握常量、变量、函数和表达式的使用,理解其作用。

2. 实验内容

1) 实验 5-1

实验题目：逻辑删除学生档案表(xsda.dbf)中的最后一条空白记录。

实验要求：用命令方式完成。

操作步骤：

(1) 打开学生档案表(xsda.dbf)。

(2) 在命令窗口键入下列命令：

go bottom
delete

2) 实验 5-2

实验题目：接实验 5-1，物理删除学生档案表（xsda.dbf）中的所有空白记录。

实验要求：任选菜单方式或命令方式完成。

操作步骤：

① 命令方式：

在命令窗口键入下列命令：

```
delete all for 入学成绩＝0
pack
```

② 菜单方式：

打开浏览窗口，选择"表"|"删除记录"菜单命令，打开"删除"对话框。

在"删除"对话框中，选择"作用范围"为 All，单击"For"文本框右侧按钮，打开"表达式生成器"，形成表达式：入学成绩＝0，单击"确定"后返回"删除"对话框，单击"删除"按钮。

选择"表"|"彻底删除"菜单命令。

3) 实验 5-3

实验题目：在学生档案表（xsda.dbf）中，统计其中男同学、女同学的人数，赋给内存变量 boy、girl，并查看变量的值。

实验要求：用命令方式完成。

操作步骤：

在命令窗口顺序键入下列命令：

```
use xsda
count all for 性别="男" to boy
count all for 性别="女" to girl
?boy
?girl
use
```

4) 实验 5-4

实验题目：在学生档案表（xsda.dbf）中，统计班级为"01050101"的同学的平均入学成绩和入学成绩之和。

实验要求：用命令方式完成。

步骤提示：使用 average 和 sum 命令完成。

5) 实验 5-5

实验题目：在学生档案表（xsda.dbf）中，按班级进行分类汇总，汇总表文件名为 gbcj.dbf，浏览汇总结果。

实验要求：用命令方式完成。

步骤提示：使用命令 total 完成。

6) 实验 5-6

实验题目：在学生档案表(xsda. dbf)中，统计班级目录表(bjml. dbf)中第一条记录对应班级的人数，将统计结果写入班级目录表(bjml. dbf)相应的班级人数字段中。

实验要求：用命令方式完成。

操作步骤：

(1) 在命令窗口顺序键入下列命令：

```
use bjml
bjbh=班级编号
use xsda
count for 班级=bjbh to rs
use bjml
replace 班级人数 with rs
browse
```

(2) 关闭浏览窗口。

(3) 在命令窗口键入如下命令关闭当前表(bjml. dbf)。

```
use
```

思考问题：如果统计班级目录表中最后一条记录对应班级的人数，然后写入班级人数字段，应该怎样做？

实验 6　索引和查找

1. 实验目的

(1) 掌握记录的查找和定位。
(2) 掌握索引的建立和作用。

2. 实验内容

1) 实验 6-1

实验题目：按出生日期降序浏览学生档案表(xsda. dbf)。

实验要求：通过建立索引实现。

操作步骤：

(1) 打开学生档案表(xsda. dbf)。

(2) 打开表设计器。

(3) 选择"索引"页，在"索引名"列当中键入 csrq，单击其左侧的上箭头按钮使之变成下箭头按钮，确定"类型"一栏显示"普通索引"，单击"表达式"文本框右边的按钮，打开"表达式生成器"。

(4) 在"表达式生成器"中，双击左下方"字段："列表中的"出生日期"，单击"确定"按钮,返回表设计器的"索引"页。

(5) 单击"确定"按钮,保存设置关闭表设计器。

(6) 选择"窗口"|"数据工作期"菜单命令。在"数据工作期"窗口单击"属性"按钮,打开"工作区属性"对话框,单击"索引顺序:"下拉列表中的 Xsda:Csrq,单击"确定"按钮,回到"数据工作区"窗口,单击"浏览"按钮,观察记录的排列顺序。

(7) 依次关闭表记录浏览窗口和"数据工作期"窗口。

2) 实验 6-2

实验题目:接实验 6-1,首先按性别顺序,当性别相同时,按出生日期升序浏览学生档案表(xsda.dbf)。

实验要求:在表设计器中建立索引,通过数据工作期窗口指定当前索引,浏览表记录。

操作步骤:

(1) 打开表设计器。

(2) 选择"索引"页,在"索引名"列当中键入 xb_sr,确定"类型"一栏显示"普通索引",单击"表达式"文本框右边的按钮,打开"表达式生成器"。

(3) 在"表达式生成器"中,双击左下方"字段:"列表中的"性别",在"表达式:"编辑框中出现的"性别"字段名后键入一个加号,在"日期:"函数下拉列表中单击 DTOC(expD),双击左下方"字段:"列表中的"出生日期",键入 ,1,使"表达式:"编辑框中的表达式为:性别+DTOC(出生日期,1),单击"确定"按钮,返回表设计器的"索引"页。

(4) 单击"确定"按钮,保存设置关闭表设计器。

(5) 选择"窗口"|"数据工作期"菜单命令。在"数据工作期"窗口单击"属性"按钮,打开"工作区属性"对话框,单击"索引顺序:"下拉列表中的 Xsda:Xb_sr,单击"确定"按钮,回到"数据工作区"窗口,单击"浏览"按钮,观察记录的排列顺序。

(6) 依次关闭表记录浏览窗口和"数据工作期"窗口。

3) 实验 6-3

实验题目:接实验 6-2,首先按性别顺序,当性别相同时,按入学成绩降序浏览学生档案表(xsda.dbf)。

实验要求:使用命令方式建立索引完成。

操作步骤:

(1) 在命令窗口依次键入如下命令:

```
index on 性别+str(入学成绩,3) tag xb_rxcj descending
browse
```

(2) 在打开的表记录浏览窗口中观察记录的排列顺序。

(3) 关闭浏览窗口。

4) 实验 6-4

实验题目:接实验 6-1,首先按姓名顺序建立索引 xm,设定其位主控索引,然后查找姓名为"严岩"的同学,并将该记录输出到屏幕上。

实验要求：使用命令方式建立索引完成。

操作步骤：

在命令窗口依次键入如下命令：

```
index on 姓名 tag xm
set order to xm
seek "严岩"
display
```

5）实验 6-5

实验题目：在学生档案表中，依次查找性别为"男"的记录，并逐条输出到屏幕上。

实验要求：使用命令方式完成。

操作步骤：

（1）在命令窗口依次键入如下命令：

```
use xsda
locate for 性别="男"
display
continue
```

（2）输入下列命令并观察结果。

```
?found()
```

（3）如果输出结果为.T.，则继续重复输入。

```
display
continue
```

（4）如果输出结果为.F.，则停止输入，结束操作。

思考问题：

（1）对学生成绩表（xscj.dbf），若希望按高等数学、哲学、外语和计算机分别为第一、第二、第三、第四关键字来索引记录，也就是，首先按高等数学成绩索引，当高等数学成绩相同时，再按哲学成绩索引，以此类推，应如何建立索引？

（2）对学生档案表（xsda.dbf），若希望首先按班级升序索引，当班级相同时，再按入学成绩降序索引，应如何建立索引？

实验 7　数据库与数据库表

1. 实验目的

（1）掌握数据库的建立。

（2）了解数据库与数据库表的关系。

（3）掌握数据库表关联关系和参照完整性的建立。

（4）掌握表设计器对数据库表的设置。

（5）认识表的多工作区操作。

2. 实验内容

1）实验 7-1

实验题目：建立学生管理数据库（xsgl.dbc），并将学生档案表（xsda.dbf）、学生成绩表（xscj.dbf）和班级目录表（bjml.dbf）添加到学生管理数据库中。

实验要求：用菜单方式完成操作。

操作步骤：

（1）选择"文件"｜"新建"菜单命令，打开"新建"对话框。

（2）在"新建"对话框中，选择文件类型为"数据库"，单击"新建文件"按钮，打开"创建"对话框。

（3）在"创建"对话框中，确定文件的保存位置为 xsgl 文件夹，在"数据库名："文本框中输入 xsgl，单击"保存"按钮，打开"数据库设计器"窗口。

（4）在"数据库设计器"窗口中，单击"添加表"按钮，或单击鼠标右键，在弹出的快捷菜单中选择"添加表"命令，打开"打开"对话框。

（5）在"打开"对话框中，选择要添加的表（xsda），单击"确定"按钮，返回"数据库设计器"窗口。

（6）重复步骤（4）和步骤（5）操作，把表 xscj 和 bjml 添加到 xsgl 数据库中。

2）实验 7-2

实验题目：接实验 7-1，为学生档案表（xsda.dbf）的性别字段设置字段有效性规则。

实验要求：在表设计器中设置，有效性规则为：性别＝"男" or 性别＝"女"；提示信息为：只能输入"男"或"女"；默认值为"男"。

操作步骤：

（1）在"数据库设计器"窗口中，在学生档案表（xsda）上右击，在弹出的快捷菜单中选择"修改"命令，打开表设计器。

（2）首先单击性别字段，然后在字段有效性的"规则"文本框中键入：性别＝"男"or 性别＝"女"；在"信息"文本框中键入：［只能输入"男"或"女"］（注意提示信息用字符定界符括起来）；在"默认值"文本框中键入：［男］。

（3）单击"确定"按钮保存设置关闭表设计器。

思考问题：如何验证所进行的字段有效性设置已经生效？

3）实验 7-3

实验题目：接实验 7-1，给班级目录表（bjml）设置删除触发器。

实验要求：将表 bjml 的删除触发器设置为只有班级人数字段为 0 的记录才可以删除。

操作步骤：

（1）在"数据库设计器"窗口中，在班级目录表（bjml）上右击，在弹出的快捷菜单中选择"修改"命令，打开表设计器。

（2）选择"表"页，单击"删除触发器："文本框右侧的按钮，打开"表达式生成器"。

（3）在"表达式生成器"中，双击左下方"字段："列表中的"班级人数"，在上端的"DELETE触发器"编辑框中继续键入 ＝0，使显示的表达式为：班级人数＝0，单击"确定"按钮返回表设计器中的"表"页。

（4）单击"确定"按钮保存设置关闭表设计器。

思考问题：如何验证实验中设置的触发器已经生效？

4）实验 7-4

实验题目：接实验 7-1，在学生管理数据库（xsgl. dbc）中，为学生档案表（xsda. dbf）和学生成绩表（xscj. dbf）建立一对一的永久关系，为班级目录表（bjml. dbf）和学生档案表（xsda. dbf）建立一对多的永久关系。

实验要求：在数据库设计器中，用菜单方式完成操作。

操作步骤：

（1）在"数据库设计器"窗口中，利用表设计器为学生档案表（xsda. dbf）按学号字段建立主索引（xh）、按班级字段建立普通索引（bj），为学生成绩表（xscj. dbf）按学号字段建立主索引（xh），为班级目录表（bjml. dbf）按班级编号建立主索引（bjbh）。

（2）在"数据库设计器"窗口，用鼠标左键把表 xsda 的索引标识 xh 拖到表 xscj 的索引标识 xh 上，使两个索引标识之间出现连线。

（3）在"数据库设计器"窗口中，用鼠标左键把表 bjml 的索引标识 bjbh 拖到表 xsda 的索引标识 bj 上，使两个索引标识之间出现连线。

5）实验 7-5

实验题目：接实验 7-1，为学生管理数据库（xsgl. dbc）中的表进行参照完整性设置。

实验要求：分别为学生档案表（xsda）和学生成绩表（xscj）、班级目录表（bjml）和学生档案表（xsda）进行参照完整性设置。

操作步骤：

（1）打开"数据库设计器"窗口，选择"数据库"|"编辑参照完整性…"菜单命令，打开"参照完整性生成器"对话框。

（2）对父表班级目录（bjml）和子表学生档案（xsda），设置其更新规则为"级联"，删除规则为"限制"，插入规则为"限制"。

（3）对父表学生档案（xsda）和子表学生成绩（xscj），设置其更新规则为"级联"，删除规则为"级联"，插入规则为"忽略"。

（4）单击"确定"按钮保存设置。

（5）关闭数据库设计器，关闭学生管理数据库。

思考问题：如何验证实验所进行的参照完整性设置已经生效？

6）实验 7-6

实验题目：在学生档案表（xsda. dbf）中，统计班级目录表（bjml. dbf）中最后一条记录对应班级的人数，将统计结果写入班级目录表（bjml. dbf）相应的班级人数字段中。

实验要求：使用命令方式，通过表的多工作区操作完成。

操作步骤：

（1）在命令窗口顺序键入下列命令：

```
select 1
use bjml
go bottom
bjbh=班级编号
select 2
use xsda
count for 班级= bjbh to rs
select 1
replace 班级人数 with rs
browse
```

（2）关闭浏览窗口。

（3）在命令窗口键入如下命令关闭所有打开的表。

```
close all
```

思考问题：首先把班级目录表（bjml.dbf）第一条记录的班级人数字段值清零，然后使用多工作区操作方式，从学生档案表（xsda.dbf）中统计出相应班级的人数，再填入班级目录表第一条记录的人数字段，应使用怎样的命令序列来完成？

实验8　查询与视图

1. 实验目的

（1）掌握查询文件的创建和修改。

（2）掌握查询文件的运行。

（3）掌握视图的创建、修改和使用。

2. 实验内容

1）实验 8-1

实验题目：根据学生档案表（xsda.dbf）和班级目录表（bjml.dbf），建立并运行查询文件入学成绩（rxcj.qpr），按入学成绩降序查询学生的班级名称、学号、姓名、性别和入学成绩，输出方向为浏览窗口。

班级名称	学号	姓名	性别	入学成绩
生物工程0501	20050370	刘冬	女	576
市场营销0501	20050092	李铭	男	573
生物工程0501	20050371	严岩	男	552
工商管理0501	20050120	朋蓬	男	549
生物工程0501	20050372	王平	男	547
工商管理0501	20050121	李园	女	533
市场营销0501	20050091	肖萌	女	527
工商管理0501	20050122	胡虎	男	516
市场营销0501	20050090	张婷	女	509
市场营销0501	20050093	张力	男	500

图　8-1

实验要求：使用查询设计器建立查询，查询运行结果参考图 8-1。

步骤提示：

（1）选择"文件"|"新建"菜单命令，在弹出的新建对话框中选择"查询"，单击"新建文件"按钮，打开查询设计器。

（2）把表 xsda 和 bjml 添加到查询设计器窗

格中。

（3）在"字段"选项卡中，将图 8-1 显示的字段依次添加到选定字段列表中。

（4）在"联接"选项卡中，确认联接关系为 Bjml. 班级编号＝Xsda. 班级，类型为 inner join 内部联接。

（5）在"排序依据"选项卡，把"Xsda. 入学成绩"添加到排序条件列表中，选择排序选项为"降序"。

（6）选择"查询"|"运行查询"菜单命令，查看查询结果。

（7）选择"查询"|"查看 SQL"菜单命令。

（8）关闭"查询设计器"窗口，保存查询文件 rxcj。

（9）在命令窗口键入如下命令运行查询（如果命令窗口已显示该命令，直接在命令行末尾回车即可）。

```
do rxcj.qpr
```

2）实验 8-2

实验题目：根据学生档案表（xsda. dbf）和班级目录表（bjml. dbf），建立并运行查询文件，各班平均入学成绩（pjrxcj. qpr），按班级平均入学成绩升序查询班级名称和班级平均入学成绩，并把查询结果输出到浏览窗口。

实验要求：使用查询设计器建立查询，查询运行结果参考图 8-2。

图 8-2

要点提示：

（1）"字段"选项卡的选定字段为：Bjml. 班级名称，AVG(Xsda. 入学成绩) AS 平均入学成绩。其中，"AVG(Xsda. 入学成绩) AS 平均入学成绩"可以通过单击"函数和表达式："文本框右侧的按钮打开表达式生成器，通过表达式生成器来生成，然后添加到选定字段列表中。

（2）"排序依据"选项卡的排序条件为：AVG(Xsda. 入学成绩) AS 平均入学成绩。

（3）"分组依据"选项卡的分组字段为：Bjml. 班级编号。

（4）其余操作参考实验 8-1 的步骤提示，不再赘述。

3）实验 8-3

实验题目：根据学生档案表（xsda. dbf）、学生成绩表（xscj. dbf），建立并运行查询文件，党员学生成绩（dycj. qpr），按入学成绩降序查询党员学生的班级、学号、姓名、性别、入学成绩、各门功课成绩和平均分，并把查询结果输出到浏览窗口。

实验要求：使用查询设计器建立查询，查询运行结果参考图 8-3。

学号	姓名	性别	班级	党员否	高等数学	哲学	外语	计算机	平均分
20050120	阴莲	男	01050201	T	82	76	80	90	82.5
20050370	刘冬	女	02050101	T	85	90	79	80	83.5

图 8-3

要点提示：在"筛选"选项卡中，选择"字段名"为 Xsda. 党员否，"条件"为 ＝，"实例"为 .T.。

4）实验 8-4

实验题目：根据学生档案表（xsda. dbf）和班级目录表（bjml. dbf），建立并运行查询文件，各班人数（gbrs. qpr），查询班级目录中的所有班级的名称和相应班级的人数，并把查询结果输出到浏览窗口。

实验要求：使用查询设计器建立查询，查询运行结果参考图 8-4。

要点提示：

（1）在"字段"选项卡中，选定字段为"Bjml. 班级名称"和"COUNT（Xsda. 学号）as 班级人数"。

（2）在"联接"选项卡中，联接类型选择 Full Join 完全联接。

对比实验：如果连接类型使用默认的 Inner Join 内部连接，结果是怎样的？ 由此理解 Inner Join 和 Full Join 的不同。

5）实验 8-5

实验题目：根据学生档案表（xsda. dbf）和学生成绩表（xscj. dbf），建立并运行查询文件（pjcj. qpr），查询班平均成绩不低于 80 分的班级及相应的班平均成绩。

实验要求：使用查询设计器建立查询，查询运行结果参考图 8-5。

图　8-4

图　8-5

要点提示：在"分组依据"选项卡中，使用"满足条件"，对分组统计结果进行筛选。

6）实验 8-6

实验题目：在学生管理数据库（xsgl. dbc）中，根据学生档案表（xsda）建立党员学生档案视图（dyxsda），含有除党员否字段之外的所有字段。

实验要求：使用视图设计器建立视图，建立之后，浏览视图。

步骤提示：

（1）打开学生管理数据库（xsgl. dbc）。

（2）选择"文件"|"新建"菜单命令，在弹出的"新建"对话框中选择"视图"项，单击"新建文件"按钮，打开视图设计器。

（3）把学生档案表（xsda）添加到视图设计器的窗格中。

（4）在"字段"选项卡中，将党员否字段之外的所有字段添加到选定字段列表中。

（5）在"筛选"选项卡中，设置筛选条件为：Xsda. 党员否 ＝ .T.。

（6）选择"查询"|"运行查询"菜单命令，查看生成的视图内容。

（7）关闭"视图设计器"窗口，保存视图 dyxsda。

（8）打开数据库设计器，显示学生管理数据库（xsgl.dbc），双击视图 dyxsda 进行浏览。

7）实验 8-7

实验题目：在学生管理数据库（xsgl.dbc）中，根据学生档案表（xsda）建立性别字段可选的参数视图 xsda_xb。

实验要求：使用视图设计器建立视图，建立之后，通过视图分别浏览男、女生的档案信息。

步骤提示：

（1）首先确保学生管理数据库（xsgl.dbc）已经打开，然后重复实验 8-6 的步骤（2）和步骤（3）。

（2）在"字段"选项卡中，将所有字段添加到选定字段列表中。

（3）在"筛选"选项卡中，设置筛选条件为：Xsda.性别＝?性别。注意：用西文半角的问号。

（4）选择"查询"|"视图参数"菜单命令，在参数名文本框中输入"性别"两字后单击"确定"按钮。

（5）关闭"视图设计器"窗口，保存视图 xsda_xb。

（6）在"数据库设计器"窗口浏览视图 xsda_xb，在"视图参数"对话框中输入要浏览的学生性别（男或女），即可按性别浏览学生档案。

8）实验 8-8

实验题目：在学生管理数据库（xsgl.dbc）中，根据学生档案表（xsda）和学生成绩表（xscj），建立可更新视图 wycjgx，含有学号、姓名和外语 3 个字段，其中，外语字段是可更新的。

实验要求：使用视图设计器建立视图，建立之后，浏览视图，并通过键入新数据更新学生成绩表的外语字段值。

步骤提示：

（1）仿照实验 8-6 的步骤（2）和步骤（3），把学生档案表（xsda）和学生成绩表（xscj）添加到视图设计器的窗格中。

（2）在"字段"选项卡中，将实验题目指定的 3 个字段添加到选定字段列表中。

（3）在"更新条件"选项卡中，确保 Xsda.学号标记为关键字、Xscj.外语标记为可更新的，选中"发送 SQL 更新"。

（4）关闭"视图设计器"窗口，保存视图 wycjgx。

（5）在"数据库设计器"窗口双击视图 wycjgx，修改外语字段值，关闭浏览窗口。

（6）在"数据库设计器"窗口双击学生成绩表 xscj，观察外语字段的修改结果。

（7）关闭数据库设计器。

9）实验 8-9

实验题目：利用学生管理数据库（xsgl.dbc）以及实验 8-5～实验 8-8 定义的任意视图，设计一个操作过程，说明视图是属于数据库的。

实验要求：自行设计实验过程。

实验 9 SQL 语言的查询功能

1. 实验目的

(1) 掌握使用 SQL 命令对表进行查询。

(2) 熟悉 SQL 嵌套查询。

2. 实验内容

1) 实验 9-1

实验题目：在学生档案表（xsda.dbf）中，按入学成绩降序，查询所有非党员男生的信息。

实验要求：用 SQL 语句实现，结果参考图 9-1。

学号	姓名	性别	出生日期	班级	党员否	入学成绩	照片	备注
20050092	李铭	男	12/25/86	01050101	F	573	Gen	memo
20050371	严岩	男	03/20/87	02050101	F	552	Gen	memo
20050372	王平	男	12/01/86	02050101	F	547	Gen	memo
20050122	胡虎	男	07/07/87	01050201	F	516	Gen	memo
20050093	张力	男	01/24/86	01050101	F	500	Gen	memo

图 9-1

步骤提示：在命令窗口输入如下 SQL 命令，命令中省略的部分由同学根据题目要求自行补充完整。

select * from xsda where not 党员否 …

2) 实验 9-2

实验题目：通过学生成绩（xscj.dbf）、学生档案（xsda.dbf）和班级目录表（bjml.dbf），查询高等数学和外语成绩均不低于 80 分的学生的学号、班级名称、姓名、性别、高等数学和外语成绩。

实验要求：用 SQL 语句实现，结果参考图 9-2。

学号	班级名称	姓名	性别	高等数学	外语
20050092	市场营销0501	李铭	男	84	82
20050120	工商管理0501	朋蓬	男	82	80

图 9-2

步骤提示：在命令窗口输入如下 SQL 命令，命令中省略的部分由同学根据题目要求自行补充完整。

```
select …from …where xsda.学号=xscj.学号 and xsda.班级=bjml.班级编号 and …
```

3）实验 9-3

实验题目：通过学生成绩（xscj. dbf）、学生档案（xsda. dbf）和班级目录表（bjml. dbf），查询各班高等数学的平均分、最高分和最低分。

实验要求：用 SQL 语句实现，结果参考图 9-3。

班级名称	高数平均分	高数最高分	高数最低分
市场营销0501	80	90	69
工商管理0501	81	88	75
生物工程0501	73	85	66

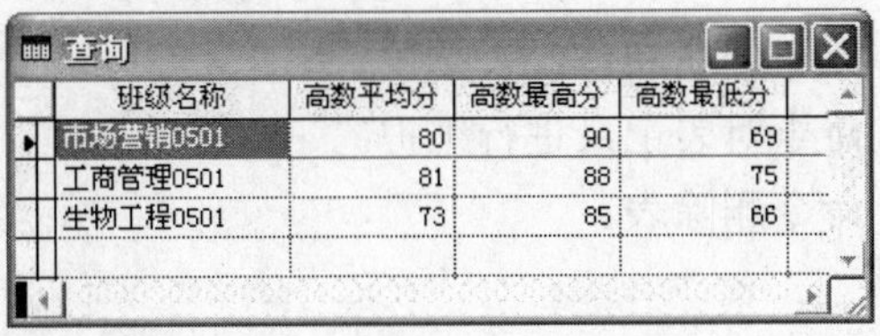

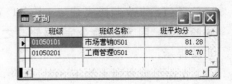

图 9-3

步骤提示：在命令窗口输入如下 SQL 命令，命令中省略的部分由同学根据题目要求自行补充完整。

```
select bjml.班级名称,avg(xscj.高等数学) as 高数平均分,max(xscj.高等数学) as 高数最高分…
```

4）实验 9-4

实验题目：通过学生成绩（xscj. dbf）、学生档案（xsda. dbf）和班级目录表（bjml. dbf），查询外语成绩不低于外语平均分的学生的学号、姓名、外语和班级名称，查询结果按外语成绩升序排列。

实验要求：用 SQL 嵌套查询实现，结果参考图 9-4。

步骤提示：在命令窗口输入如下 SQL 命令，命令中省略的部分由同学根据题目要求自行补充完整。

```
select xsda.学号,… from xsda,xscj,bjml where… xscj.外语>=(select avg(xscj.外语) from xscj) order by …
```

5）实验 9-5

实验题目：根据学生档案表（xsda. dbf）、学生成绩表（xscj. dbf）和班级目录表（bjml. dbf），查询班平均成绩不低于 80 分的班级编号、班级名称及相应的班平均成绩。

实验要求：请自行设计 SQL 命令完成，结果参考图 9-5。

学号	姓名	外语	班级名称
20050092	李铭	82	市场营销0501
20050093	张力	86	市场营销0501
20050122	胡虎	88	工商管理0501
20050091	肖萌	89	市场营销0501
20050372	王平	90	生物工程0501

图 9-4

班级	班级名称	班平均分
01050101	市场营销0501	81.28
01050201	工商管理0501	82.70

图 9-5

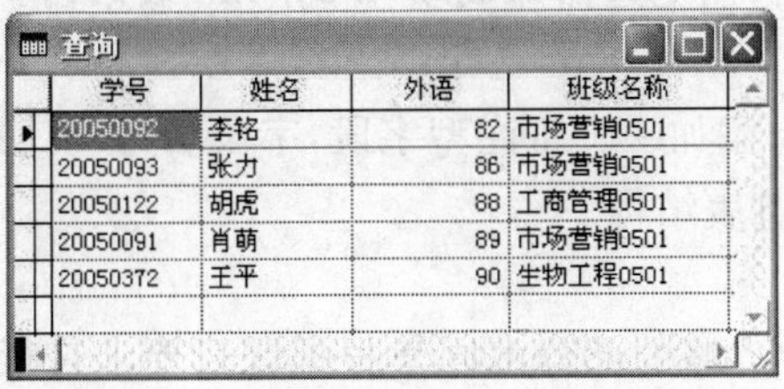

实验提示：可参考实验 8-5 查询所对应的 SQL 命令,在该命令基础上修改即可。

实验 10 SQL 语句数据定义与操纵功能

1. 实验目的:

(1) 掌握使用 SQL 命令创建和修改表结构。
(2) 掌握使用 SQL 命令对表记录进行维护。
(3) 掌握使用 SQL 命令删除表。

2. 实验内容:

1) 实验 10-1
实验题目:在学生管理数据库(xsgl.dbc)中建立学生选修课成绩表文件(xxcj.dbf),表结构如表 10-1 所示。

表 10-1 选修课成绩(xxcj.dbf)表结构

字 段 名	类 型	宽 度	小 数 位 数
学号	C	8	
课程编号	C	3	
成绩	I	4	
选修学期	C	1	
成绩登录日期	D	8	

实验要求:建立该表,并设定"选修学期"默认值为 2,用 SQL 命令完成,建立之后,浏览表结构。
步骤提示:
(1) 在命令窗口输入如下 SQL 命令,命令中省略的部分由同学根据题目要求自行补充完整。

```
create table xxcj (学号 C(8), …)
```

(2) 使用 list structure 命令或打开表设计器,浏览选修课成绩(xxcj.dbf)表结构。
2) 实验 10-2
实验题目:修改选修成绩(xxcj.dbf)表结构,添加一个备注型字段,字段名为"说明"。
实验要求:用 SQL 命令完成,修改之后,浏览表结构。
步骤提示:
(1) 在命令窗口输入如下 SQL 命令,命令中省略的部分由同学根据题目要求自行补充完整。

```
alter table … add …
```

(2) 使用 list structure 命令或打开表设计器,浏览选修课成绩(xxcj. dbf)表结构。

3) 实验 10-3

实验题目:首先给选修课成绩表(xxcj. dbf)添加记录,记录如表 10-2 所示。然后复制选修课成绩表(xxcj. dbf)为选修成绩备份表(xxbf. dbf)。

表 10-2　选修课成绩(xxcj. dbf)表记录

学　　号	课程编号	成　　绩	选修学期	成绩登录日期
20050090	011	69	3	(实验日期)
20050120	035	55	5	(实验日期)
20050370	007	85	2	(实验日期)
20050372	007	45	2	(实验日期)
20050093	011	90	3	(实验日期)

实验要求:用 SQL 命令添加记录,添加之后,浏览记录。

步骤提示:

(1) 在命令窗口重复输入如下 SQL 命令,命令中省略的部分由同学根据题目要求自行补充完整,注意利用历史命令以简化输入。

```
insert into …values …
```

(2) 浏览选修课成绩表(xxcj. dbf)。

(3) 在命令窗口输入如下命令,备份选修课成绩表(xxcj. dbf)为 xxbf. dbf。

```
select * from xxcj into table xxbf
```

4) 实验 10-4

实验题目:首先修改选修课成绩表(xxcj. dbf)的成绩字段为字符型,字段宽度为 6,然后修改成绩字段值,低于 60 分的字段值为"不及格",其余为"及格"。

实验要求:修改表结构和修改字段值均用 SQL 命令完成,修改之后,浏览记录。

步骤提示:在命令窗口顺序输入如下 SQL 命令,命令中省略的部分由同学根据题目要求自行补充完整。

```
alter table …alter …
update …set …iif(val(成绩)>=60,'及格','不及格')
browse
```

注:iif(expL,expC1,expC2)函数用法与 Excel 中 if 函数用法相同,当逻辑表达式 expL 为真时,函数返回 expC1,当逻辑表达式 expL 为假时,函数返回 expC2。

5) 实验 10-5

实验题目:逻辑删除选修课成绩表(xxcj. dbf)中,成绩字段值为"不及格"的记录。

实验要求:用 SQL 命令完成,然后浏览记录。

步骤提示:在命令窗口输入如下 SQL 命令,命令中省略的部分由同学根据题目要求自行补充完整。

```
delete from …
```

6) 实验 10-6

实验题目：删除选修成绩备份表（xxbf.dbf）。

实验要求：用 SQL 命令删除表文件。

步骤提示：在命令窗口输入如下 SQL 命令，命令中省略的部分由同学根据题目要求自行补充完整。

```
drop …
```

综合实验Ⅱ 多表操作综合实验

1. 实验目的

巩固对数据库、表的各种操作，熟练建立查询和视图，以及 SQL 语句的使用。

2. 实验内容

1) 综合实验Ⅱ-1

实验题目：使用查询设计器设计一个名为 syb-1 的查询，查询每个学生的学号、姓名和各科成绩，查询结果保存到表 stu 中。查询结果按计算机降序排序，计算机相同按英语升序排序。

实验要求：使用查询设计器建立查询。

2) 综合实验Ⅱ-2

实验题目：根据要求修改下列命令，使其满足要求。下列程序用来完成查询平均成绩大于等于 80 分的每个男同学的学号、姓名、各科平均成绩和选课门数，结果按选课门数升序输出到表 xk.dbf 中。

实验要求：根据题目要求修改命令，使其满足要求。

实验内容：实现该操作的命令如下。

```
select 学号,姓名,avg(成绩) as 平均成绩,count(成绩) as 选课门数;
from xsda innerjion xscj of student.学号=xscj.学号;
where 性别="男"and avg(成绩) >=80;
group by 学号;
order by 选课门数 desc;
into array xk
```

3) 综合实验Ⅱ-3

实验题目：完成下列操作，为 xscj 表添加一个字段，字段名称为体育，数据类型为整型，宽度为 4，默认值为 80。为 bjml 表添加一条记录，班级编号"01050103"，班级名称"市场营销 0503"，班级人数 0。

实验要求：用 SQL 语句实现以上操作，并将两条 SQL 语句保存到文件 syB-3.txt 中，两条语句各占一行。

实验提示：此题复习 SQL 语句的定义语句和维护语句。

4）综合实验 II-4

实验题目：在数据库中建立课程目录表 kcml.dbf，添加记录并建立索引。

实验要求：使用 SQL 命令创建表结构、添加记录，其他操作不限方式。

（1）表结构如表 II-1 所示。

表 II-1 课程目录（kcml）表结构

字 段 名	类 型	宽 度
课程编号	C	8
课程名称	C	12
学分	I	4

（2）输入的记录如表 II-2 所示。

表 II-2 课程目录（kcml）表记录

课 程 编 号	课 程 名 称	学 分
10001	高等数学	4
10002	哲学	2
10003	外语	4
10004	计算机	4
10005	体育	2

（3）课程目录表设定索引如表 II-3 所示。

表 II-3 课程目录（kcml）索引

索 引 名 称	索 引 类 型	索 引 表 达 式
kcbh	主索引	课程编号
kcmc	候选索引	课程名称

（4）从数据库中删除表 kcml.dbf，使其成为自由表。

第三部分

程序设计的基本结构

实验 11　顺序程序设计

1. 实验目的

(1) 掌握程序设计语言的特点、基本输入输出命令的使用。

(2) 熟悉程序文件的创建、运行和调试的方法。

(3) 掌握顺序结构程序设计的方法。

2. 实验内容

1) 实验 11-1

实验题目：编写程序文件 sy11-1. prg,在编辑窗口中输入如下程序,保存并执行程序,分析程序的执行结果。

实验要求：使用命令方式建立程序并运行程序。

操作步骤：

(1) 在命令窗口键入如下命令,打开程序编辑窗口。

modify command sy11-1

可简写为：

modi comm. Sy11-1

(2) 参考下列程序,在程序编辑窗口输入程序。

```
set talk off
clear
accept "请输入数据库名：" to AAA
open database &AAA
accept "请输入表名：" to BBB
use &BBB
list
```

```
use
set talk on
return
```

（3）保存并关闭程序编辑窗口。

（4）在命令窗口键入如下命令运行程序 sy11-1.prg。

```
do sy11-1
```

2）实验 11-2

实验题目：编写顺序结构程序 sy11-2.prg，计算一元二次方程 $ax^2+bx+c=0$ 的两个根（不考虑虚根的情况）。方程系数 a、b、c 在程序运行时由用户输入。

实验要求：使用菜单方式建立程序并运行程序。

操作步骤：

（1）通过选择"文件"|"新建"菜单命令等一系列操作，打开程序编辑窗口，编辑程序文件 sy11-2.prg。

（2）在程序编辑窗口，参考下列程序编写并输入程序。

```
set talk off
clear
input '请输入 A: 'to A
input '请输入 B: 'to B
input '请输入 C: 'to C
store B^2-4*A*C to Z
X1=(-B+SQRT(Z))/(2*A)
X2=(-B-SQRT(Z))/(2*A)
?X1,X2
set talk on
return
```

（3）关闭程序编辑窗口。

（4）选择"程序"|"运行"菜单命令，在打开的"运行"对话框中选择程序文件 sy11-2.prg，单击"运行"按钮运行程序。

当系统提示程序有语法错误，或虽无语法错误但程序运行结果不正确时，打开程序编辑窗口修改程序，反复运行程序，直至程序运行结果正确。

3）实验 11-3

实验题目：参考实验 11-1 和实验 11-2，编写顺序结构程序 sy11-3.prg，程序的功能是，先询问要打开的数据库，打开数据库，然后询问要打开的数据表名，然后打开该表，再询问要显示的开始记录号，结束记录号，然后显示由起始号到终止号的记录，最后显示文字"所有符合条件的记录都显示完毕！"

实验要求：本实验请自行设计程序完成。

操作提示：

（1）注意输入输出命令 input 和 accept 的区别。

（2）记录显示命令用 list，显示记录的条数＝尾记录号－首记录号＋1。

实验 12　分支程序设计

1. 实验目的

（1）掌握分支结构程序设计。
（2）掌握分支嵌套结构程序设计。

2. 实验内容

1）实验 12-1

实验题目：编写程序文件 sy12-1. prg，在学生档案表（xsda. dbf）中，按用户输入的入学成绩查找指定的学生。找到时，显示所找到学生的学号、姓名、性别、出生日期和入学成绩字段值；没有要查找的记录时，用信息框函数给用户以提示。

实验要求：使用菜单方式建立程序并运行程序。

操作步骤：

（1）通过选择"文件"|"新建"菜单命令等一系列操作（关于通过菜单方式新建文件的操作在前面实验中已多次叙述），打开程序编辑窗口，编辑程序文件 sy12-1. prg。

（2）在程序编辑窗口，参考下列程序编写并输入程序。

```
clear
input" 请输入要查找的学生的入学成绩: " to rxcj
use xsda
locate for 入学成绩=rxcj
if found ()
    browse for 入学成绩=rxcj fields 学号,姓名,性别,出生日期,入学成绩
else
    messagebox("没有您指定的入学成绩的学生    ", 0+64+0, "查找结果")
endif
use
clear
```

（3）关闭程序编辑窗口。

（4）选择"程序"|"运行"菜单命令，在打开的"运行"对话框中选择程序文件 sy12-1. prg，单击"运行"按钮运行程序。

思考问题：在程序中，信息框函数的第二个参数写为"0＋64＋0"表示什么意思？与直接写"64"等价吗？这样写的好处是什么？

2）实验 12-2

实验题目：编写程序文件 sy12-2，计算下列分段函数，x 值由用户执行程序时从键盘输入，计算结果四舍五入保留 4 位小数。

$$y = \begin{cases} 3x+2, & x > 20 \\ \sqrt{3x-2}, & 10 \leqslant x \leqslant 20 \\ \dfrac{1}{x} + |x|, & x < 10 \end{cases}$$

实验要求：使用命令方式建立程序并运行程序文件。

操作步骤：

（1）在命令窗口键入如下命令，打开程序编辑窗口。

```
modify command sy12-2
```

可简写为：

```
modi comm. Sy12-2
```

（2）参考下列程序，在程序编辑窗口输入程序。

```
clear
input"请输入 x 值："to x
do case
    case x>20
        y=round (3*x+2, 4)
    case x<10
        y=round (1.0/x+abs (x), 4)
    otherwise
        y=round (sqrt (3*x-2), 4)
endcase
?" y=",y
```

（3）关闭程序编辑窗口。

（4）在命令窗口键入如下命令运行程序 sy12-2.prg。

```
do sy12-2
```

3）实验 12-3

实验题目：编写程序 sy12-3.prg，按用户输入的学号，查找并显示对应学生的平均分及成绩等级，等级划分原则为：平均分低于 60 为不合格；平均分在 85 及其以上为优秀；其余为合格。

实验要求：使用 do case…endcase 结构编写程序，任选菜单或命令方式建立并运行程序。

操作步骤：

（1）打开程序编辑窗口，参考下列程序建立程序文件 sy12-3.prg。

```
clear
use xscj
accept " 请输入待查学号："to  xh
locate for 学号=xh
```

```
if found()
    do case
        case 平均分>=85
            dj="优秀"
        case 平均分<60
            dj="不合格"
        otherwise
            dj="合格"
    endcase
    ?"学号:"+xh
    ?"平均分:", 平均分
    ?"成绩等级:"+dj
else
    messagebox( "查无此人", 0+64+0, "查找结果")
endif
use
```

（2）运行程序 sy12-3. prg。

4）实验 12-4

实验题目：编写程序文件 sy12-4. prg,在学生档案表（xsda. dbf)中,按用户输入的入学成绩查找指定的学生。找到时,显示所找到学生的学号、姓名、性别、出生日期和入学成绩字段值；没有要查找的记录时,首先用信息框函数给用户以提示,然后显示入学成绩与用户输入的成绩最接近的学生的相应信息。

实验要求：任选菜单或命令方式建立并运行程序。

操作步骤：

（1）打开学生档案表（xsda. dbf)。

（2）命令窗口顺序键入下列命令,给学生档案表按入学成绩字段升序建立索引 rxcj,关闭表。

```
index on 入学成绩 tag rxcj
use
```

（3）打开程序编辑窗口,参考下列程序建立程序文件 sy12-4. prg。提示：星号打头的注释行,以及命令尾部以 && 开始的注释文字不用输入,在程序中给出的注释仅仅是为了使同学便于理解程序。

```
clear
input" 请输入要查找的学生的入学成绩: " to m.rxcj
* m.rxcj 与直接使用 rxcj 是一样的,都表示一个内存变量,
* 由于下面将用到同名的索引标识,为消除误解以示区别,因此给内存变量加了前缀 m.。
use xsda
set order to rxcj                && 使 rxcj(参考步骤(2))成为主控索引,为 seek 命令作准备
seek m.rxcj
if found ()
```

```
    browse  for  入学成绩=m.rxcj  fields  学号,姓名,性别,出生日期,入学成绩
else
    messagebox（"没有您要找的学生,但列出了入学成绩相近的。",0+64+0,"查找结果"）
    jk=recno(0)  && 查找失败时 recno(0)函数给出按索引顺序刚刚越过查找值的记录号
    go top
    zx=入学成绩                   && 将最小的入学成绩存入内存变量 zx
    zxxh=学号                     && 将最小入学成绩学生的学号存入内存变量 zxxh
    go bottom
    zd=入学成绩                   &&zd 是最大入学成绩
    zdxh=学号                     &&zdxh 是最大入学成绩学生的学号
    do case
        case m.rxcj<zx           && 当要查的入学成绩比最小的入学成绩还小时
            browse for 学号=zxxh fields 学号,姓名,性别,出生日期,入学成绩
        case m.rxcj>zd           && 当要查的入学成绩比最大的入学成绩还大时
            browse for 学号=zdxh fields 学号,姓名,性别,出生日期,入学成绩
        otherwise                && 当要查的入学成绩介于最大和最小之间时
            go jk                && 把记录指针定位到刚刚越过查找值的记录
            xhx=学号
            skip-1
            xhs=学号
            browse for 学号=xhs or 学号=xhx fields 学号,姓名,性别,出生日期,入学成绩
    endcase
endif
use
Clear
```

（4）执行程序 sy12-4.prg。

5）实验 12-5

实验题目：参考实验 11-2,编写程序 sy12-5.prg,判断并用信息框函数为用户提示一元二次方程 $ax^2+bx+c=0$,有一对相等实根,一对不相等实根,还是一对复数根。方程系数 a、b、c 在程序运行时由用户输入。

实验要求：本题目为选做实验,请自行设计程序完成。

算法提示：一元二次方程判别式 $\Delta=b^2-4ac$,当 $\Delta=0$ 时,有一对相等实根；当 $\Delta>0$ 时,有一对不相等实根；当 $\Delta<0$ 时,有一对复数根。

实验 13　循环程序设计

1. 实验目的

（1）掌握循环结构程序设计。

（2）掌握嵌套结构程序设计。

2. 实验内容

1）实验 13-1

实验题目：根据学生档案表（xsda. dbf）统计班级目录表中每个班级的人数，填入班级目录表（bjml. dbf）相应的班级人数字段中。

实验要求：使用含有循环结构的程序来实现。

操作步骤：

（1）建立程序文件 sy13-1. prg。

参考程序：

```
select 1
use xsda
select 2
use bjml
scan
    select 1
    count for 班级=bjml.班级编号 to rs
    select 2
    replace 班级人数 with rs
endscan
browse
close all
```

（2）运行程序 sy13-1. prg。

2）实验 13-2

实验题目：假设有一张足够大的厚度为 0.01mm 的纸，请计算对折多少次之后超过珠穆朗玛峰的高度 8844.43m？

实验要求：编写含有循环结构的程序来计算。

操作步骤：

（1）打开程序编辑窗口，参考下列程序，建立程序文件 sy13-2. prg。

```
clear
h=0.01
n=0
do while h<8844430
  h=h*2
  n=n+1
enddo
?"当对折次数为:",n
?"纸的厚度达到:"+str(h/1000,8,2)+"m,超过珠穆朗玛峰高度。"
```

（2）运行程序 sy13-2. prg。

思考问题：若使用 for…endfor 循环，程序将如何编写？

3）实验 13-3

实验题目：小猴在第 1 天摘了一堆桃子，当天吃掉一半零一个；第 2 天继续吃掉剩下的桃子的一半零一个；以后每天都吃掉尚存桃子的一半零一个，到第 7 天要吃的时候发现只剩下一个了，问小猴第 1 天共摘下了多少个桃子？

实验要求：使用 for…endfor 循环编写程序计算，计算结果用信息框函数显示。

问题分析：

设第 n 天的桃子数为 X_n，那么它是前一天桃子数 X_{n-1} 的二分之一减一。

即：$X_n = \dfrac{1}{2}X_{n-1} - 1$，也就是：$X_{n-1} = (X_n + 1) \times 2$

已知：当 $n=7$ 第 7 天的桃子数为 1，则第 6 天的桃子数由上面公式得 4 个，以此类推，即可求得第 1 天摘的桃子数。

操作步骤：

（1）打开程序编辑窗口，参考下列程序，建立程序文件 sy13-3.prg。

```
clear
x=1
for i=6 to 1 step -1
    x=(x+1) * 2
endfor
messagebox("猴子第一天摘了"+alltrim(str(x))+"只桃子", 0+64+0, "计算结果")
```

（2）运行程序 sy13-3.prg。

4）实验 13-4

实验题目：根据学生档案表（xsda.dbf）和学生成绩表（xscj.dbf），显示所有党员学生的姓名和各门课程的总分，及与全体学生总分平均分相比较的结果，即相等、高多少分或低多少分。

实验要求：编写程序完成。

问题分析：要使党员学生的总分能与总分平均分相比较，首先要根据学生成绩表计算出所有学生总分的平均分，然后在学生档案表中，逐一定位到学生党员记录（即"党员否"字段值为 .t. 的记录），再依据学号，到学生成绩表去计算该学生的总分，并与总分平均分比较，显示比较结果。

操作步骤：

（1）打开程序编辑窗口，参考下列程序，建立程序文件 sy13-4.prg。

```
clear
select 1
use xscj
s=0
scan
    s=s+高等数学+哲学+外语+计算机
endscan
sp=round (s/reccount (),0)
```

```
select 2
use xsda
scan for 党员否
    select 1
        locate for 学号=xsda.学号
        zf=高等数学+哲学+外语+计算机
        if zf=sp
          ?"党员同学："+xsda.姓名-"，总分"-str(zf,3)-"，与总分平均分持平。"
        else
            gd=iif(zf>sp,'高','低')
            ?"党员同学："+xsda.姓名-"，总分"-str(zf,3)-"，;
            比总分平均分"-gd-str(abs(zf-sp),3)-"分。"
        endif
    select 2
endscan
close all
```

（2）运行程序 sy13-4.prg。

5）实验 13-5

实验题目：有一个数列，前两个数是 1、1，第三个数是前两个数之和，以后每个数都是其前两个数之和。请编写程序 sy13-5.prg，要求输出此数列的第 30 个数。

实验要求：编写程序完成。

操作提示：此序列的前几项为 1、1、2、3、5、8、…。计算此数列的当前项首先要知道该数的前两项 N_1 和 N_2，将 N_1 和 N_2 相加求出当前项 N_3，然后将 N_2 变成新的 N_1，N_3 变成新的 N_2，继续重复前面的操作，直到求出第 30 项为止。

思考问题：

若使用 do while…enddo 循环，程序将怎样编写？

在显示命令？中，有的地方用减号（—）连接字符型量，如果换成加号来连接，效果如何？

实验 14 过程和自定义函数

1. 实验目的

（1）掌握自定义函数、过程的概念。
（2）掌握自定义函数与过程文件的建立方法。

2. 实验内容

1）实验 14-1

实验题目：编写过程，并实现主程序中的调用，程序保存到 sy14-1 中。

实验要求：使用自定义过程来实现。

操作步骤：

（1）打开程序编辑窗口，参考下列程序，建立程序文件 sy14-1.prg。

```
* 主程序
set talk off
?"正在执行主程序"
do sub1
?"主程序结束"
set  talk  on
* 自定义函数 Myfun:
proc SUB1   && 过程
    ?"正在执行 SUB1"
    wait
    return
endproc
```

（2）运行程序 sy14-1.prg。

2）实验 14-2

实验题目：自定义函数 fun1 实现 X!，并利用该函数计算组合数，程序保存到 sy14-2 中。

实验要求：使用自定义函数来实现。

操作步骤：

（1）打开程序编辑窗口，参考下列程序，建立程序文件 sy14-2.prg。

```
* 主程序
clear
input "请输入 N: " to N
input "请输入 M: " to M
a=fun1(N)/fun1(M)/fun1(N-M)
?"组合数=",a
* 自定义函数 fun1:
function fun1
    parameters x
    s=1
    i=1
    for i=1 to x
        s=s*i
    endfor
    return s
endfunc
```

（2）运行程序 sy14-2.prg。

3）实验 14-3

实验题目：编写过程，实现小写字母的对应转换（非小写字母不转换），转换规律：将原字母转换为它的下一个字母,例如 a→b,b→c,…,y→z,z→a。程序保存到文件 sy14-3 中。

实验要求:本题目为选做实验,请自行设计程序完成。

操作提示:字母的转换规律可利用 ASCII 值。

4)实验 14-4

实验题目:编写自定义函数,实现素数的判定功能,并完成由主程序调用,挑选出 1000 以内所有的素数的个数。程序保存到文件 sy14-4 中。

实验要求:本题目为选做实验,请自行设计程序完成。

操作提示:参考下列素数判定的核心程序。

```
m=1
for i=2 to int(n/2)        && n 为被判定数字
    if n%i=0
        m=0
    endif
endfor
if m=1
    ?n at 4, "是质数"
else
    ?n at 4, "不是质数"
endif
```

思考问题:判定质数的理论范围是从 2 到 $n-1$,在本实验中为什么是从 2 到 int$(n/2)$,这样可以吗?判定范围还能再小吗?

综合实验Ⅲ　程序设计综合实验

1. 实验目的

巩固程序设计的 3 种基本结构、过程和函数的定义以及调用。

2. 实验内容

1)实验Ⅲ-1

实验题目:编写程序 syC-1.prg,判断某一年份是否是闰年。判断闰年的方法:年份能被 4 整除但不能被 100 整除,或者能被 400 整除。

实验要求:自行设计程序完成,并输入年份进行测试(1900,1998,2000)。

操作提示:

设内存变量 nf 代表年份,则测试表达式为 nf%4=0 and nf%100≠0 or nf%400=0

2)实验Ⅲ-2

实验题目:编写程序 syC-2.prg,根据输入的成绩判断所属的级别。输入成绩与对应级别如下:

0~59 为不及格;

60~69 为及格；

70~79 为中等；

80~89 为良好；

90~100 为优秀。

实验要求：自行设计程序完成，并任意输入成绩进行测试，小于 0 分或大于 100 分输出"此成绩无效"。

操作提示：用 do…case 语句完成此程序。

3）实验Ⅲ-3

实验题目：编写程序 syC-3. prg，在屏幕上打印出九九乘法表，如图Ⅲ-1 所示。

实验要求：自行设计程序完成。

操作提示：采用两层的 for 循环结构完成。

```
1* 1= 1 2* 1= 2 3* 1= 3 4* 1= 4 5* 1= 5 6* 1= 6 7* 1= 7 8* 1= 8 9* 1= 9
1* 2= 2 2* 2= 4 3* 2= 6 4* 2= 8 5* 2=10 6* 2=12 7* 2=14 8* 2=16 9* 2=18
1* 3= 3 2* 3= 6 3* 3= 9 4* 3=12 5* 3=15 6* 3=18 7* 3=21 8* 3=24 9* 3=27
1* 4= 4 2* 4= 8 3* 4=12 4* 4=16 5* 4=20 6* 4=24 7* 4=28 8* 4=32 9* 4=36
1* 5= 5 2* 5=10 3* 5=15 4* 5=20 5* 5=25 6* 5=30 7* 5=35 8* 5=40 9* 5=45
1* 6= 6 2* 6=12 3* 6=18 4* 6=24 5* 6=30 6* 6=36 7* 6=42 8* 6=48 9* 6=54
1* 7= 7 2* 7=14 3* 7=21 4* 7=28 5* 7=35 6* 7=42 7* 7=49 8* 7=56 9* 7=63
1* 8= 8 2* 8=16 3* 8=24 4* 8=32 5* 8=40 6* 8=48 7* 8=56 8* 8=64 9* 8=72
1* 9= 9 2* 9=18 3* 9=27 4* 9=36 5* 9=45 6* 9=54 7* 9=63 8* 9=72 9* 9=81
```

图Ⅲ-1

4）实验Ⅲ-4

实验题目：编写程序 syC-4. prg，要求分屏显示 xsda. dbf 中的所有记录，每屏最多 4条，浏览完一屏后，按任意键继续显示下一屏，直到所有记录显示完毕。

实验要求：此题目为选做题，请同学自行设计程序完成。

思考问题：对实验Ⅲ-3 的程序作出如何的更改，能打印出如图Ⅲ-2 所示的九九乘法表？

```
1* 1= 1
1* 2= 2 2* 2= 4
1* 3= 3 2* 3= 6 3* 3= 9
1* 4= 4 2* 4= 8 3* 4=12 4* 4=16
1* 5= 5 2* 5=10 3* 5=15 4* 5=20 5* 5=25
1* 6= 6 2* 6=12 3* 6=18 4* 6=24 5* 6=30 6* 6=36
1* 7= 7 2* 7=14 3* 7=21 4* 7=28 5* 7=35 6* 7=42 7* 7=49
1* 8= 8 2* 8=16 3* 8=24 4* 8=32 5* 8=40 6* 8=48 7* 8=56 8* 8=64
1* 9= 9 2* 9=18 3* 9=27 4* 9=36 5* 9=45 6* 9=54 7* 9=63 8* 9=72 9* 9=81
```

图 Ⅲ-2

第四部分

面向对象的程序设计

实验 15　表单设计(一)

1. 实验目的

(1) 掌握使用表单向导创建表单的过程。

(2) 熟悉表单设计器的使用。

(3) 掌握使用表单设计器创建和修改表单的过程。

(4) 掌握表单的运行。

2. 实验内容

1) 实验 15-1

实验题目:为学生档案表(xsda.dbf)创建数据维护表单文件 dawh.scx。

实验要求:通过表单向导完成。

步骤提示:

(1) 选择"文件"|"新建"菜单命令,在弹出的"新建"对话框中选择"表单"项,单击"向导"按钮,打开"向导选取"对话框,选择要使用的向导为"表单向导",单击"确定"按钮,在以下各主要向导步骤中做相应设置。

(2) 步骤 1:字段选取,选择学生管理数据库(xsgl)中的学生档案表(xsda),将全部字段添加到选定字段列表中。

(3) 步骤 2:选择表单样式,选择浮雕式。

(4) 步骤 4:完成,输入表单标题"学生档案维护",单击"预览"按钮预览表单,选择"保存表单并用表单设计器修改表单",单击"完成"按钮保存表单文件为 dawh。

(5) 在表单设计器中,修改对象"照片 1"的 stretch 属性为"1—等比填充",其余对象布局可参考图 15-1 作适当调整。

(6) 单击工具栏上的"!"按钮,运行表单。

(7) 关闭表单设计器,保存修改结果。

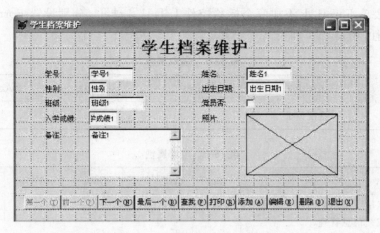

图 15-1

2）实验 15-2

实验题目：为学生成绩表（xscj.dbf）创建数据维护表单 cjwh.scx。

实验要求：通过表单向导完成。

步骤提示：

（1）仿照实验 15-1 步骤（1）～步骤（4），创建学生成绩维护表单 cjwh。

（2）在表单设计器中，给"退出"按钮的 Click 事件输入如下程序代码。

```
select xscj
replace all 平均分 with (高等数学+哲学+外语+计算机)/4
thisform.release
```

（3）整对象布局，结果参考图 15-2。

（4）关闭表单设计器，保存修改结果。

3）实验 15-3

实验题目：设计如图 15-3 所示的系统简介表单 xtjj.scx。

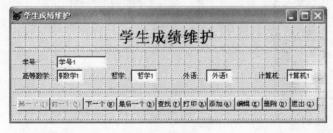

图 15-2

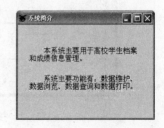

图 15-3

实验要求：用表单设计器设计完成。

步骤提示：

（1）选择"文件"|"新建"菜单命令，在弹出的"新建"对话框中选择"表单"项，单击"新建文件"按钮，打开表单设计器窗口。

（2）在表单 Form1 上添加两个标签控件 Label1、Label2，分别设置 Form1、Label1、Label2 的属性，如表 15-1 和表 15-2 所示。

表 15-1　表单属性

Name	Caption	Height	Width	AutoCenter
Form1	系统简介	200	300	.T.

表 15-2　控件属性

Name	Caption	Height	Left	Top	Width	WordWrap	FontSize
Label1	本系统主要用于高校学生档案和成绩信息管理	36	25	48	250	.T.	12
Label2	系统主要功能有：数据维护、数据浏览、数据查询和数据打印			108			

（3）选择"表单"|"执行表单"菜单命令，运行表单。

（4）关闭表单设计器窗口，保存表单 xtjj.scx。

4）实验 15-4

实验题目：设计如图 15-4 所示的系统登录表单 xtdl.scx，用户输入的密码以 * 显示。

实验要求：用表单设计器设计完成。

步骤提示：

（1）选择"文件"|"新建"菜单命令，在弹出的"新建"对话框中选择"表单"项，单击"新建文件"按钮，打开表单设计器窗口。

（2）在表单 Form1 上添加如图 15-5 所示的控件，分别设置 Form1 和各控件的属性，如表 15-3～表 15-8 所示。

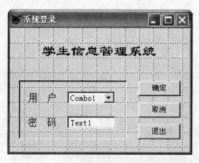

图　15-4

图　15-5

表 15-3　表单属性

Name	Caption	Height	Width	AutoCenter
Form1	系统登录	200	300	.T.

表 15-4 标签控件属性

Name	Caption	AutoSize	Left	Top	BackStyle	FontName	FontSize
Label1	学生信息管理系统		53	24		隶书	18
Label2	用户	.T.	30	105	0-透明	宋体	12
Label3	密码			145			

表 15-5 组合框控件属性

Name	FontSize	Height	Left	Top	Width	RowSource	RowSourceType
Combo1	10	20	96	103	80	操作员 1,操作员 2	1-值

表 15-6 文本框控件属性

Name	FontSize	Height	Left	Top	Width	PasswordChar
Text1	10	20	96	143	80	*

表 15-7 命令按钮控件属性

Name	Caption	Height	Left	Top	Width
Command1	确定			85	
Command2	取消	25	215	120	70
Command3	退出			155	

表 15-8 容器控件属性

Name	BackStyle	Height	Left	Top	Width	SpecialEffect
Container1	0-透明	95	15	85	180	1-凹下

（3）选择"显示"|"代码"菜单命令，打开代码编辑窗口。

定义 Form1 的 Init 事件代码如下：

```
public i
i=0
thisform.combo1.setfocus
```

定义 Command1 的 Click 事件代码如下：

```
do case
    case thisform.combo1.value="操作员 1" and thisform.text1.value="123"
        i=messagebox("欢迎使用本系统",48)
        thisform.release
*       do xsgl.mpr              && 设计完成实验Ⅳ的菜单程序后，再将 * 去掉
    case thisform.combo1.value="操作员 2" and thisform.text1.value="321"
        i=messagebox("欢迎使用本系统",48)
```

```
          thisform.release
*          do xsgl.mpr          && 设计完成实验Ⅳ的菜单程序后,再将 * 去掉
       otherwise
          i=messagebox("对不起,操作员密码错!",48)
          thisform.release
    endcase
```

定义 Command2 的 Click 事件代码如下:

```
thisform.combo1.value=""
thisform.text1.value=""
thisform.combo1.setfocus
```

定义 Command3 的 Click 事件代码如下:

```
thisform.release
```

(4) 运行表单。

(5) 关闭表单设计器窗口,保存表单 xtdl. scx。

5) 实验 15-5

实验题目:设计如图 15-6 所示的进入系统
的欢迎界面表单 jrxt. scx,当用户按任意键或单

图　15-6

击鼠标或定时时间到,自动调用实验 15-4 创建的系统登录表单(xtdl. scx)。

实验要求:用表单设计器设计完成。

步骤提示:

(1) 选择"文件"|"新建"菜单命令,在弹出的"新建"对话框中选择"表单"项,单击"新
建文件"按钮,打开表单设计器窗口。

(2) 表单 Form1 上添加两个标签控件 Label1、Label2 和一个定时器控件 Timer1,分
别设置 Form1 和各控件的属性,如表 15-9~表 15-11 所示。

表 15-9　表单属性

Name	Caption	Height	Width	AutoCenter
Form1	欢迎使用	200	300	.T.

表 15-10　标签控件属性

Name	Caption	AutoSize	Left	Top	FontName	FontSize	FontUnderline
Label1	学生信息管理系统	.T.	41	72	宋体	24	.T.
Label2	系统开发同学 版权所有		92	144	幼圆	10	.F.

表 15-11　定时器控件属性

Name	Interval
Timer1	10000

（3）选择"显示"｜"代码"菜单命令，打开代码编辑窗口。

定义 Form1 的 KeyPress 事件代码、Click 事件代码和 Timer1 的 Timer 事件代码如下：

```
thisform.release
do form xtdl
```

（4）关闭表单设计器窗口，保存表单 jrxt．scx。

（5）依次选择"程序"｜"运行"菜单命令，在弹出的"运行"对话框中选择"表单"项，选中"jrxt"后单击"运行"按钮，运行欢迎界面表单。

6）实验 15-6

实验题目：设计如图 15-7 所示的退出系统界面表单 tcxt．scx，当用户单击"是"按钮，关闭所有文件，退出 VFP；否则，结束表单运行。

实验要求：用表单设计器设计完成。

步骤提示：

图 15-7

（1）选择"文件"｜"新建"菜单命令，在弹出的"新建"对话框中选择"表单"项，单击"新建文件"按钮，打开表单设计器窗口。

（2）在表单 Form1 上添加一个标签控件 Label1 和两个命令按钮控件 Command1、Command2，分别设置 Form1 和各控件的属性，如表 15-12～表 15-14 所示。

表 15-12　表单属性

Name	Caption	Height	Width	AutoCenter
Form1	退出系统	150	250	.T.

表 15-13　标签控件属性

Name	Caption	AutoSize	Left	Top	FontName	FontSize	BackStyle
Label1	确实要退出系统吗？	.T.	34	36	楷体_GB2312	14	0-透明

表 15-14　命令按钮控件属性

Name	Caption	Height	Left	Top	Width
Command1	是	25	41	96	60
Command2	否		149		

（3）选择"显示"｜"代码"菜单命令，打开代码编辑窗口。

定义 Command1 的 Click 事件代码如下：

```
close all
quit
```

定义 Command1 的 Click 事件代码如下：

```
thisform.release
```

（4）关闭表单设计器窗口，保存表单 tcxt.scx。

7）实验 15-7

实验题目：设计如图 15-8 所示的关于系统表单 gyxt.scx，用于显示系统的版本和版权期限等信息，单击"退出"按钮时，结束表单运行。

实验要求：由学生用表单设计器自行设计完成。

图 15-8

实验 16 表单设计（二）

1. 实验目的

（1）进一步掌握使用控件设计用户界面的过程。
（2）熟练掌握控件属性的含义与设置。
（3）进一步熟悉事件的含义与响应。
（4）综合运用所学知识进行事件代码程序设计。
（5）掌握表单数据环境的设置。

2. 实验内容

1）实验 16-1

实验题目：根据学生成绩表（xscj.dbf），设计如图 16-1 所示的学生成绩浏览表单 cjll.scx。

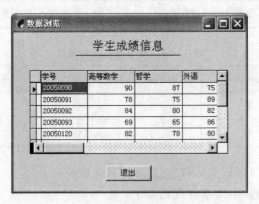

图 16-1

实验要求：用表单设计器设计完成，表单运行时，所有数据不可修改。

步骤提示:

(1) 选择"文件"|"新建"菜单命令,在弹出的"新建"对话框中选择"表单"项,单击"新建文件"按钮,打开表单设计器窗口。

(2) 选择"显示"|"数据环境"菜单命令,打开"数据环境设计器"窗口。

(3) 选择"数据环境"|"添加"菜单命令,把学生成绩表(xscj.dbf)添加到窗口中。

(4) 将"数据环境设计"窗口中的学生成绩表(xscj.dbf)拖到表单 Form1 中。

(5) 表单 Form1 中,添加标签控件 Label1、线条控件 Line1 和命令按钮控件 Command1,分别设置对象和各控件属性,如表 16-1～表 16-5 所示。

表 16-1 表单属性

Name	Caption	Height	Width	AutoCenter
Form1	数据浏览	250	375	.T.

表 16-2 标签控件属性

Name	Caption	AutoSize	Left	Top	FontName	FontSize	BackStyle
Label1	学生成绩信息	.T.	129	12	宋体	14	0-透明

表 16-3 线条控件属性

Name	Height	Left	Top	Width
Line1	0	103	36	168

表 16-4 表格控件属性

Name	ReadOnly	Height	Left	Top	Width
grdXscj	.T.	132	27	60	320

表 16-5 命令按钮控件属性

Name	Caption	Height	Left	Top	Width
Command1	退出	25	152	210	70

(6) 定义 Command1 的 Click 事件代码如下:

```
thisform.release
```

(7) 运行表单。

(8) 关闭表单设计器窗口,保存表单 cjll.scx。

2) 实验 16-2

实验题目:根据学生档案表(xsda.dbf),设计如图 16-2 所示的学生档案浏览表单 dall.scx。

实验要求:用表单设计器设计完成,表单运行时,所有数据不可修改。

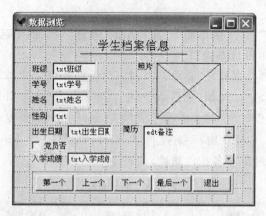

图 16-2

步骤提示:

(1) 选择"文件"|"新建"菜单命令,在弹出的"新建"对话框中选择"表单"项,单击"新建文件"按钮,打开表单设计器窗口。

(2) 设置表单 Form1 的属性,如表 16-6 所示。

表 16-6　表单属性

Name	Caption	Height	Width	AutoCenter
Form1	数据浏览	264	376	.T.

(3) 在表单 Form1 上右击,在弹出快捷菜单中选择"数据环境…"命令,打开"数据环境设计器"窗口。

(4) 在"数据环境设计器"窗口右击,在弹出的快捷菜单中选择"添加…"命令,把学生档案表(xsda.dbf)添加到窗口中,并设置其 ReadOnly 属性为.T.。

(5) 参考图 16-2,依次把学生成绩表(xscj.dbf)的各个字段拖到表单 Form1 的适当位置上。

(6) 在表单 Form1 中,添加标签控件 Label1、线条控件 Line1 和命令按钮组控件 Commandgroup1,分别设置各控件属性,如表 16-7～表 16-10 所示。

表 16-7　标签控件属性

Name	Caption	AutoSize	Left	Top	FontName	FontSize	BackStyle
Label1	学生档案信息	.T.	130	12	宋体	14	0-透明

表 16-8　线条控件属性

Name	Height	Left	Top	Width
Line1	0	104	34	168

表 16-9　命令按钮组控件属性

Name	ButtonCount	Height	Left	Top	Width
Commandgroup1	5	35	29	216	318

表 16-10　命令按钮组各命令按钮控件属性

Name	Caption	Height	Left	Top	Width
Command1	第一个		5		
Command2	上一个		67		
Command3	下一个	25	129	5	60
Command4	最后一个		191		
Command5	退出		253		

（7）双击表单 Form1，打开代码编辑窗口。

定义 Command1 的 Click 事件代码如下：

```
go top
this.enabled= .f.
this.parent.command2.enabled= .f.
this.parent.command3.enabled= .t.
this.parent.command4.enabled= .t.
thisform.refresh
```

定义 Command2 的 Click 事件代码如下：

```
skip-1
if bof ()
    messagebox ("已是第一个记录!",48,"提示")
    this.enabled= .f.
    this.parent.command1.enabled= .f.
else
    this.enabled= .t.
    this.parent.command1.enabled= .t.
endif
this.parent.command3.enabled= .t.
this.parent.command4.enabled= .t.
thisform.refresh
```

定义 Command3 的 Click 事件代码如下：

```
skip
if eof ()
    messagebox ("已是最后一个记录!",48,"提示")
    this.enabled= .f.
```

```
    this.parent.command4.enabled= .f.
    skip-1
else
    this.enabled= .t.
    this.parent.command4.enabled= .t.
endif
this.parent.command1.enabled= .t.
this.parent.command2.enabled= .t.
thisform.refresh
```

定义 Command4 的 Click 事件代码如下：

```
go bottom
this.enabled= .f.
this.parent.command1.enabled= .t.
this.parent.command2.enabled= .t.
this.parent.command3.enabled= .f.
thisform.refresh
```

定义 Command5 的 Click 事件代码如下：

```
thisform.release
```

（8）运行表单。

（9）关闭表单设计器窗口,保存表单 dall.scx。

3）实验 16-3

实验题目：根据学生档案表（xsda.dbf）和班级目录表（bjml.dbf），设计如图 16-3 所示的查询表单 bjcx.scx,显示用户指定班级的学生的相关档案信息。

图 16-3

实验要求：用表单设计器设计完成,表单运行时,所有数据不可修改。

步骤提示：

（1）选择“文件”|“新建”菜单命令,在弹出的“新建”对话框中选择“表单”项,单击“新建文件”按钮,打开表单设计器窗口。

（2）设置表单 Form1 的属性,如表 16-11 所示。

表 16-11 表单属性

Name	Caption	Height	Width	AutoCenter
Form1	数据查询	218	375	.T.

（3）在表单 Form1 上右击，在弹出快捷菜单中选择"数据环境…"命令，打开"数据环境设计器"窗口。

（4）在"数据环境设计器"窗口右击，在弹出的快捷菜单中选择"添加"命令，把班级目录表（bjml. dbf）和学生档案表（xsda. dbf）添加到窗口中，并将两个表的 ReadOnly 属性均设置为 .T.。

图 16-4

（5）在表单 Form1 中，添加如图 16-4 所示的控件，分别设置各控件属性，如表 16-12～表 16-16 所示。

表 16-12 标签控件属性

Name	Caption	AutoSize	Left	Top
Label1	班级编号	.T.	24	28
Label2	班级名称		143	

表 16-13 组合框控件属性

Name	Height	Left	Top	Width	ControlSource	RowSource	RowSourceType	Style
Combo1	20	77	24	60	bjml. 班级编号	bjml. 班级编号	6-字段	2

表 16-14 文本框控件属性

Name	ControlSource	Height	Left	Top	Width
Text1	bjml. 班级名称	20	197	24	80

表 16-15 命令按钮控件属性

Name	Caption	Height	Left	Top	Width
Command1	退出	20	288	24	60

表 16-16 表格控件属性

Name	Height	Left	Top	Width
Grid1	121	25	72	325

（6）在 Grid1 控件上右击，在弹出的快捷菜单中选择"生成器"命令，打开"表格生成器"对话框，对各页面作如下设置。

（7）在"表格项"页面，将 XSDA 表中的学号、姓名、性别、出生日期、党员否和入学成绩 6 个字段添加到选定字段中；在"样式"页面，选择"浮雕型"样式；在"布局"页面中，单击党员否字段，在控件类型下拉列表中选择 Check1；在"关系"页面，确保父表中的关键字段为 Bjml. 班级编号, 子表中相关索引为 Bj, 单击"确定"按钮。

（8）双击表单 Form1, 打开代码编辑窗口。

定义 Combo1 的 Click 事件代码如下：

```
select bjml
thisform.refresh
```

定义 Command1 的 Click 事件代码如下：

```
thisform.release
```

（9）运行表单。

（10）关闭表单设计器窗口, 保存表单 bjcx. scx。

4）实验 16-4

实验题目：根据学生档案表（xsda. dbf）和学生成绩表（xscj. dbf）, 设计运行结果如图 16-5 和图 16-6 所示的查询表单 xhcx. scx, 显示用户指定学号的学生的相关信息。

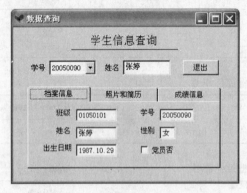
图 16-5

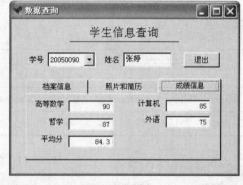
图 16-6

实验要求：用表单设计器设计完成, 表单运行时, 所有数据不可修改。

步骤提示：

（1）选择"文件"|"新建"菜单命令, 在弹出的"新建"对话框中选择"表单"项, 单击"新建文件"按钮, 打开表单设计器窗口。

（2）设置表单 Form1 的属性, 如表 16-17 所示。

表 16-17　表单属性

Name	Caption	Height	Width	AutoCenter
Form1	数据查询	250	375	.T.

（3）在表单 Form1 上右击, 在弹出快捷菜单中选择"数据环境"命令, 打开"数据环境设计器"窗口。

（4）在"数据环境设计器"窗口右击, 在弹出的快捷菜单中选择"添加"命令, 把学生档案表（xsda. dbf）和学生成绩表（xscj. dbf）添加到窗口中, 并将两个表的 ReadOnly 属性均设置为. T. 。

（5）在表单 Form1 中，添加如图 16-7 所示控件，分别设置各控件属性，如表 16-18～表 16-24 所示。

图 16-7

表 16-18 标签控件属性

Name	Caption	AutoSize	Left	Top	FontSize
Label1	学生信息查询		129	12	14
Label2	学号	.T.	30	60	9
Label3	姓名		155		

表 16-19 线条控件属性

Name	Height	Left	Top	Width
Line1	0	97	36	180

表 16-20 组合框控件属性

Name	Height	Left	Top	Width	ControlSource	RowSource	RowSourceType	Style
Combo1	24	60	54	80	xsda.学号	xsda.学号	6-字段	2

表 16-21 文本框控件属性

Name	ControlSource	Height	Left	Top	Width
Text1	xsda.姓名	24	185	54	80

表 16-22 命令按钮控件属性

Name	Caption	Height	Left	Top	Width
Command1	退出	24	285	54	60

表 16-23 页框控件属性

Name	PageCount	Height	Left	Top	Width
PageFrame1	3	133	24	96	325

表 16-24 页控件属性

Name	Caption	Name	Caption
Page1	档案信息	Page3	成绩信息
Page2	照片和简历		

（6）在数据环境窗口中，依次把 xsda 表和 xscj 表的有关字段拖到表单 Form1 的 Page1、Page2 和 Page3 页面上，适当调整各控件的位置，设计完成后的页面参考图 16-8～图 16-10 所示。

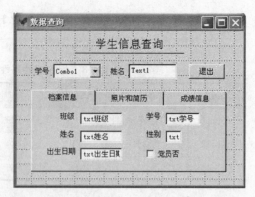

图 16-8

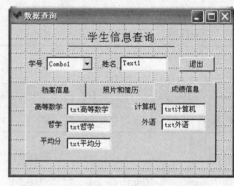

图 16-9　　　　　　　　　　　　　　图 16-10

（7）双击表单 Form1，打开代码编辑窗口。

定义 Combo1 的 Click 事件代码如下：

```
for i=1 to thisform.pageframe1.pagecount
    thisform.pageframe1.pages(i).refresh
endfor
thisform.refresh
    select bjml
thisform.refresh
```

定义 Command1 的 Click 事件代码如下：

```
thisform.release
```

（8）运行表单。

（9）关闭表单设计器窗口，保存表单 xhcx. scx。

5）实验 16-5

实验题目：设计用来选择要维护的数据表的数据维护表单 sjwh. scx，如图 16-11 所示。

实验要求：用表单设计器设计完成，当用户选择"学生档案"并确定时，调用实验 15-1 建立的学生档

图　16-11

案维护表单(dawh. scx);当用户选择"学生成绩"并确定时,调用实验 15-2 建立的学生成绩维护表单(cjwh. scx)。

步骤提示:

(1)选择"文件"|"新建"菜单命令,在弹出的"新建"对话框中选择"表单"项,单击"新建文件"按钮,打开表单设计器窗口。

(2)在表单 Form1 上添加一个标签控件 Label1、一个组合框控件 Combo1 和两个命令按钮控件 Command1、Command2,分别设置 Form1 和各控件的属性,如表 16-25～表 16-28 所示。

表 16-25　表单属性

Name	Caption	Height	Width	AutoCenter
Form1	数据维护	130	300	.T.

表 16-26　标签控件属性

Name	Caption	AutoSize	Left	Top
Label1	选择数据表	.T.	70	30

表 16-27　组合框控件属性

Name	Height	Left	Top	Width	RowSource	RowSourceType
Combo1	25	140	24	90	学生档案,学生成绩	1-值

表 16-28　命令按钮控件属性

Name	Caption	Height	Left	Top	Width
Command1	确定	25	60	72	73
Command2	退出		168		

(3)定义 Command1 的 Click 事件代码如下:

```
do case
  case thisform.combo1.value="学生档案"
    do form dawh
  case thisform.combo1.value="学生成绩"
    do form cjwh
endcase
thisform.refresh
```

定义 Command2 的 Click 事件代码如下:

```
thisform.release
```

(4)运行并保存表单 sjwh. scx。

6）实验 16-6

实验题目：设计表单 move. scx，实现标签文字的控制移动，如图 16-12 所示。

图 16-12

实验要求：用时间控件实现标签的向左循环移动，并用按钮控件实现对移动的控制。

步骤提示：

（1）通过"文件"|"新建"菜单命令，在弹出的"新建"对话框中选择"表单"项，单击"新建文件"按钮，打开表单设计器窗口。

（2）在表单 Form1 上添加一个标签控件 Label1、一个时间控件 Timer1 和两个命令按钮控件 Command1、Command2，分别设置 Form1 和各控件的属性，如表 16-29～表 16-32 所示。

表 16-29 表单属性

Name	Caption	Height	Width	AutoCenter
Form1	移动	200	400	.T.

表 16-30 标签控件属性

Name	Caption	AutoSize	Left	Top
Label1	考试系统	.T.	70	30

表 16-31 时间控件属性

Name	Interval	Enabled
Timer1	200	.F.

表 16-32 命令按钮控件属性

Name	Caption	Height	Left	Top	Width
Command1	移动	25	144	144	60
Command2	退出		288		

（3）定义 Command1 的 Click 事件代码如下：

```
if this.caption="移动"
    thisform.timer1.enabled=.t.
    this.caption="停止"
else
    thisform.timer1.enabled=.f.
    this.caption="移动"
```

```
endif
```

（4）定义 Command2 的 Click 事件代码如下：

```
thisform.release
```

（5）定义 Timer1 的 Timer 事件代码如下：

```
if thisform.label1.left+thisform.label1.width>0
    thisform.label1.left=thisform.label1.left-20
else
    thisform.label1.left=thisform.width
endif
```

实验 17　报表和标签设计

1. 实验目的

（1）掌握使用向导方式创建报表和标签的过程。
（2）掌握使用报表设计器设计报表和标签的过程。
（3）熟悉报表设计器的使用。
（4）掌握报表和标签文件的运行。

2. 实验内容

1）实验 17-1

实验题目：根据学生管理数据库（xsgl. dbc）中的学生成绩表（xscj. dbf）创建一个学生成绩报表文件（xscj. frx），并预览报表。

实验要求：首先使用报表向导创建报表文件，然后在报表设计器中进一步修改报表，使预览结果如图 17-1 所示。

成绩一览表				
学号	高等数学	哲学	外语	计算机
20050090	90	87	75	85
20050091	78	75	89	80
20050092	84	80	82	85
20050093	69	65	86	90
20050120	82	78	80	90
20050121	88	85	77	85
20050122	75	79	88	85
20050370	85	90	79	80
20050371	66	70	80	80
20050372	70	75	90	75

图　17-1

步骤提示：

（1）选择"文件"|"新建"菜单命令，在弹出的"新建"对话框中选择"报表"项，单击"向导"按钮，打开"向导选取"对话框，选择要使用的向导为"报表向导"，单击"确定"按钮，在以下各主要向导步骤中做相应设置。

（2）步骤1—字段选取。选择学生成绩表（xscj），将如图17-1所示的各字段添加到选定字段列表中。

（3）步骤3—选择报表样式。选择报表样式为"带区式"。

（4）步骤6—完成。输入报表标题为"成绩一览表"，选择"保存报表"并在"报表设计器"中修改报表，单击"完成"按钮，保存报表文件 xscj。

（5）在报表设计器窗口，删除标题栏中的"DATE（）____"，调整标题文本"成绩一览表"的位置以及字体字号。

（6）选择"文件"|"打印预览"菜单命令，预览报表。

（7）关闭报表设计器窗口，保存对 xscj. frx 报表的修改。

2）实验 17-2

实验题目：根据学生管理数据库（xsgl. dbc）中的班级目录表（bjml. dbf）和学生档案表（xsda. dbf）创建一个学生档案简表（dajb. frx）的一对多报表文件，并预览报表。

实验要求：使用报表向导创建报表文件，如图17-2所示。

学生档案简表
03/09/06

班级编号: 01050101
班级名称: 市场营销0501

学号	姓名	性别	出生日期	入学成绩
20050090	张嫦	女	10/29/87	509
20050091	肖萌	女	02/28/87	527
20050092	李铪	男	12/25/86	573
20050093	张力	男	01/24/86	500

班级编号: 01050102
班级名称: 市场营销0502

学号	姓名	性别	出生日期	入学成绩
			/ /	0

班级编号: 01050201
班级名称: 工商管理0501

学号	姓名	性别	出生日期	入学成绩
20050120	朋蓬	男	05/04/87	549
20050121	李园	女	01/02/87	533
20050122	胡虎	男	07/07/87	516

图 17-2

步骤提示：

（1）选择"文件"|"新建"菜单命令，在弹出的"新建"对话框中选择"报表"项，单击"向导"按钮，打开"向导选取"对话框，选择要使用的向导为"一对多报表向导"，单击"确定"按

钮,在以下各主要向导步骤中做相应设置。

(2) 步骤1—从父表选取字段。选择班级目录表(bjml),将班级编号和班级名称两个字段添加到选定字段列表。

(3) 步骤2—从子表选择字段。选择学生档案表(xsda),将如图17-2所示的学号等5个字段添加到选定字段列表。

(4) 步骤5—选择报表样式。选择样式为"简报式"。

(5) 步骤6—完成。输入报表标题为"学生档案简表",选择"保存报表以备将来使用",单击"预览"按钮预览报表,单击"完成"按钮保存报表文件dajb。

3) 实验17-3

实验题目:根据学生管理数据库(xsgl.dbc)中的学生档案表(xsda.dbf)创建一个学生档案卡报表文件(xsdak.frx),并预览报表。

实验要求:使用报表设计器设计报表,设计界面如图17-3所示。

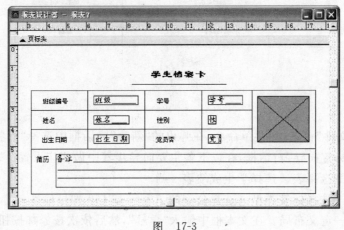

图 17-3

步骤提示:

(1) 选择"文件"|"新建"菜单命令,在弹出的"新建"对话框中选择"报表"项,单击"新建文件"按钮,打开报表设计器窗口。

(2) 选择"显示"|"数据环境"菜单命令,在数据环境设计器窗口右击,选择"添加"菜单命令,添加学生档案表(xsda)。

(3) 参考图17-3,调整页标头带区和细节带区的宽度。

(4) 选择"显示"|"工具栏"菜单命令,在弹出的对话框中选择报表控件,显示"报表控件"工具栏。

(5) 参考图17-3所示的位置,选择"矩形"工具画表格的边框,选择"线条"工具画表格的间线以及标题的下划线。

(6) 参考图17-3所示的位置、文字以及文字样式,用"标签"工具添加表格标题(学生档案卡)和各栏标题(班级编号、学号等)。

(7) 从数据环境设计器窗口,将xsda表的要输出的字段逐一拖到表格的相应位置处。在与"照片"字段对应的图片控件上双击,可进一步设置图片控件的属性。

（8）选择"文件"|"打印预览"菜单命令，预览报表。

（9）关闭报表设计器窗口，保存报表文件 xsdak。

4）实验 17-4

实验题目：根据学生管理数据库（xsgl. dbc）中的学生成绩表（xscj. dbf）创建一个学生成绩标签文件（cjbq. lbx），并预览标签。

实验要求：使用标签向导创建标签文件，在标签设计器中修改标签文件，预览结果的局部如图 17-4 所示。

图　17-4

步骤提示：

（1）选择"文件"|"新建"菜单命令，在弹出的"新建"对话框中选择"标签"项，单击"向导"按钮，打开"标签向导"对话框，在以下各主要向导步骤中做相应设置。

（2）步骤 1—选择表。选择学生成绩表 xscj。

（3）步骤 2—选择标签类型。选择公制的 Avery L7160 型号标签。

（4）步骤 3—定义布局。在文本框中输入"学号"，然后依次按添加按钮、冒号按钮，再将可用字段中的"学号"字段添加到选定的字段列表中，按↵按钮，换行。依此过程，依次将其余要输出的内容添加到选定的字段列表中。字体选为 9 点。

（5）步骤 5—完成。选择"保存标签并在'标签设计器'中修改"。单击"完成"按钮保存标签文件 cjbq。

（6）标签设计器窗口，参照图 17-4 的效果，用线条工具添加横纵两条直线。

（7）选择"文件"|"打印预览"菜单命令，浏览标签。

（8）关闭标签设计器窗口，保存修改结果。

实验 18　菜单设计

1. 实验目的

（1）掌握应用程序系统菜单的设计。

（2）熟悉菜单设计器的使用。

（3）掌握菜单文件的生成和运行。

（4）通过系统菜单结构，进一步理解前面实验中所设计的功能模块的作用，理解学生信息管理系统的设计思路。

2. 实验内容

1）实验 18-1

实验题目：创建"学生信息管理系统"菜单（xsgl. mnx），各菜单项对应的任务如表 18-1 所示。

表 18-1　学生信息管理系统菜单结构

菜 单 名 称	结　果	菜 单 名 称	结　果	菜 单 名 称	结　果
系统管理(\<S)	子菜单	关于系统(\<A)	命令Ⅰ		
		\—			
		退出系统(\<Q)	命令Ⅱ		
数据管理(\<D)	子菜单	数据维护(\<M)	命令Ⅲ		
		数据浏览(\<B)	子菜单	学生档案浏览(\<F)	命令Ⅳ
				学生成绩浏览(\<J)	命令Ⅴ
		数据查询(\<Y)	子菜单	按班级查询(\<C)	命令Ⅵ
				按学号查询(\<N)	命令Ⅶ
数据打印(\<P)	子菜单	学生成绩报表(\<R)	命令Ⅷ		
		学生档案简表(\<G)	命令Ⅸ		
		学生档案卡(\<K)	命令Ⅹ		
		学生成绩标签(\<L)	命令Ⅺ		
系统帮助(\<H)	子菜单	系统简介(\<I)	命令Ⅻ		

实验要求：使用菜单设计器创建菜单。

步骤提示：

（1）选择"文件"|"新建"菜单命令，在弹出的"新建"对话框中选择"菜单"项，单击"新建文件"按钮，在"新建菜单"对话框中单击"菜单"按钮，打开菜单设计器窗口。

（2）在菜单设计器窗口，按表 18-1 给出的结构，定义级联菜单的各个菜单项和相应结果，其中各命令如下提示。

命令Ⅰ--do form gyxt
命令Ⅱ--do form tcxt
命令Ⅲ--do form sjwh
命令Ⅳ--do form dall
命令Ⅴ--do form cjll
命令Ⅵ--do form bjcx

命令Ⅶ--do form xhcx

命令Ⅷ--report form xscj

命令Ⅸ--report form dajb

命令Ⅹ--report form xsdak

命令Ⅺ--label form cjbq

命令Ⅻ--do form xtjj

（3）关闭菜单设计器窗口，保存菜单 xsgl.mnx。

2）实验 18-2

实验题目：由菜单文件 xsgl.mnx 生成菜单程序 xsgl.mpr，并运行。

实验要求：在菜单设计器中完成。

步骤提示：

（1）打开菜单文件 xsgl.mnx，进入菜单设计器窗口。

（2）选择"菜单"|"生成"菜单命令，在弹出的对话框中单击"生成"按钮，生成菜单程序 xsgl.mpr。

（3）关闭菜单设计器窗口。

（4）在命令窗口顺序输入如下命令，运行菜单程序 xsgl.mpr。

```
_screen.caption='学生信息管理系统'
do xsgl.mpr
```

综合实验Ⅳ 简单应用系统设计

1. 实验目的

（1）通过将前面设计的各个功能模块进行组合，生成学生信息管理系统，全面了解应用系统设计过程。

（2）熟悉项目管理器的使用。

2. 实验内容

1）系统主程序设计

主程序是一个系统起始执行的程序，它通常要做的是系统初始化以及显示系统初始界面。"学生信息管理系统"的主程序（main.prg）如下：

```
do setup
do form jrxt
read events
```

其中调用的 setup.prg 程序如下：

```
close all
set sysmenu off
set talk off
```

```
set safety off
```

另外,把退出系统表单 tcxt 的 Command1 控件的 Click 事件代码修改如下:

```
do cleanup
quit
```

其中调用的 cleanup. prg 程序如下:

```
set sysmenu to defa
set talk on
set safety on
close all
clear windows
clear event
```

最后,把系统登录表单 xtdl 的 Command1 控件的 Click 事件代码中的注释符号(＊)去掉。

2) 使用项目管理器组装系统并生成系统的可执行文件

(1) 选择"文件"|"新建"菜单命令,在弹出的"新建"对话框中选择"项目"项,单击"新建文件"按钮,创建项目,项目文件名为 xsgl. pjx,打开项目管理器。

(2) 展开"数据"选项卡,选择"数据库",单击"添加"按钮,把学生管理数据库(xsgl. dbc)添加进来。

(3) 展开"文档"选项卡,选择"表单",依次把 bjcx、cjll、cjwh、dall、dawh、gyxt、jrxt、sjwh、tcxt、xhcx、xtdl、xtjj 共 12 个表单添加进来;选择"报表",依次把 dajb、xscj、xsdak 共 3 个报表文件添加进来;选择"标签",把 cjbq 标签文件添加进来。

(4) 展开"代码"选项卡,选择"程序",依次把程序 cleanup. prg、main. prg、setup. prg 添加进来,在 main 程序上右击,在弹出的快捷菜单中选择"设置主程序"命令。

(5) 展开"其他"选项卡,选择"菜单",把菜单 xsgl 添加进来。

(6) 单击"连编"按钮,在连编选项对话框选择"连编可执行文件"及"显示错误"复选框,按"确定"按钮,生成可执行文件 xsgl. exe。

3) 运行系统

(1) 退出 VFP 系统。

(2) 打开 xsgl 文件夹,双击可执行文件 xsgl. exe。

第五部分

综合实践

综合实验V　应用系统的设计与开发

1. 实验目的

通过系统开发,使学生能够系统掌握 Visual FoxPro 的基本概念、基本知识和基本技巧,掌握用 Visual FoxPro 进行数据处理的基本方法,初步了解软件开发的基本思路、基本过程和具体步骤,初步体会软件工程的基本思想,提高学生运用计算机分析解决实际问题的能力。

通过系统开发,要求学生掌握自己动手安装调试软件开发环境和工具;了解和掌握保证软件产品开发流程;掌握编程规范,提高编程和调试技术水平;理解软件测试在软件开发中的重要作用。

2. 实验要求

要求学生综合应用前面 18 个基础实验和前面 4 个综合实验的内容,在指导教师的指导下,独立完成一个小型应用软件——学生信息管理系统的设计和开发,该系统必须具备数据录入、数据综合查询、数据修改、报表打印、菜单驱动等功能,力求界面友好、功能链接恰当、容错力强、处理速度快。要求进行编译、分析并制作安装盘。

利用项目管理器组织、设计并连编一个学生信息管理系统应用程序。具体要求如下:

(1) 通过系统维护菜单实现数据表记录的维护、数据表结构的修改、系统口令的更改、表单的修改;

(2) 通过浏览菜单实现对学生表、课程表和成绩表的总浏览和相关统计信息的浏览;

(3) 通过查询菜单实现对学生和成绩的各种查询;

(4) 通过报表菜单实现学生、课程和成绩的打印输出;

(5) 通过退出菜单退出本系统。

3. 实验内容

(1) 系统规划。确定系统的基本功能和实现形式,建立项目文件 xsxx.pjx。

（2）数据库设计。数据库包括学生档案表、学生成绩表、班级目录表三个表,数据表的结构、约束条件、索引和表间关系的设定参照实验3、实验6、实验7。

（3）主程序设计。创建主程序 main. prg。设置系统环境、调用系统主界面。

（4）表单设计。系统主要由下面几个表单组成,主界面表单、退出表单、学生档案表单（xs. scx）、学生成绩表单（cj. scx）、班级目录表单（bj. scx）、查询学生表单（cxxs. scx）、查询成绩表单（cxcj. scx）、总浏览表单（ll. scx）、浏览学生表单（llxs. scx）、浏览成绩表单（llcj. scx）、系统信息表单。

① xs. scx、cj. scx、bj. scx 三个表单用于数据的维护（修改、删除、增加、查看）。实现:先用表单向导生成基本表单,再在表单设计器中根据自己的情况进行适当修改。

② cxxs. scx、cxcj. scx 两表根据用户设置的条件进行查询。实现:在表单设计器中利用数据环境生成表格,然后添加按钮控件即可。

③ ll. scx 表单以页面形式将 3 张数据表的全部内容集中展现在一个表单中,以便用户了解系统总的情况。实现:利用页框控件生成 3 个页面,再利用数据环境将 3 张数据表分别拖到各页面上。

④ llxs. scx 将学生表的内容按班级分组显示。提示:在显示班级的组合框的InteractiveChange 过程中调用程序 xsbj. prg 和查询 xscx. qpr。

⑤ llcj. scx 以页面形式将成绩表的内容按班级和课程分组显示。第 1 页为按班级显示学生各门课的成绩情况,第 2 页为按学号显示每个学生的成绩情况。提示:与 llxs 表单相似,在第 1 页需调用程序 cj_bj. prg 和查询 cjbj. qpr; 第 2 页调用程序 cj_xh. prg 和查询 cjxh. qpr。

（5）查询和程序实现。系统实现的主要查询,按班级查询学生（xsbj. qpr）,按姓名查询学生（xsxm. qpr）、按班级查询成绩（cjbj. qpr）、按学号查询成绩（cjxh. qpr）。系统实现的主要程序: xsbj. prg 根据输入的班级名称,显示该班学生情况; cj_bj. prg 根据输入的班级名称,统计该班的学生平均分,并通过执行查询（cjbj. qpr）在表格中显示该班各门课的平均分、最高分、最低分; cj_xh. prg 根据输入的学号,显示该生的各科成绩情况。

（6）报表设计。学生一览表、成绩一览表、班级一览表。实现:先用报表向导生成基本报表,再在报表设计器中进行适当修改。

（7）菜单设计。主菜单由系统维护、浏览、查询、报表、帮助和退出 6 项组成。具体菜单实现级别如表Ⅴ-1 所示。

表Ⅴ-1 菜单表

一级菜单	二级菜单	三级菜单	四级菜单
系统维护	修改表记录	学生表	
		班级表	
		成绩表	
	维护表记录	学生表	
		班级表	
		成绩表	按学号分类
			按课程分类

一 级 菜 单	二 级 菜 单	三 级 菜 单	四 级 菜 单
浏览信息	总浏览		
	浏览学生		
	浏览成绩		
查询	查询学生		
	查询成绩		
报表	浏览	学生表	
		班级表	
		成绩表	
	打印预览		
	页面设置		
	打印		
帮助			
退出			

附录 A

习题

习题 1

1. 单选题

(1) 关系运算中的选择运算是_____。

    A) 从关系中找出满足给定条件的元组的操作

    B) 从关系中选择若干个属性组成新的关系的操作

    C) 从关系中选择满足给定条件的属性的操作

    D) A 和 B 都对

(2) 在 Visual FoxPro 中,"表"是指_____。

    A) 报表   B) 关系   C) 表格   D) 表单

(3) 专门的关系运算不包括下列中的_____。

    A) 联接运算   B) 选择运算   C) 投影运算   D) 交运算

(4) 关系模型中,关键字是_____。

    A) 由多个任意属性组成

    B) 只由一个属性组成

    C) 可由一个或多个其值能唯一标识该关系模式中任何元组的属性组成

    D) 以上说法都不正确

(5) 要改变一个关系中属性的排列顺序,应使用的关系运算是_____。

    A) 重建   B) 选择   C) 投影   D) 连接

(6) Visual FoxPro 支持的数据模型是_____。

    A) 层次数据模型   B) 关系数据模型

    C) 网状数据模型   D) 树状数据模型

(7) 在关系模型中,为了实现"关系中不允许出现相同元组"的约束应使用_____。

    A) 临时关键字   B) 主关键字   C) 外部关键字   D) 索引关键字

(8) 对于"关系"的描述,正确的是_____。

    A) 同一个关系中允许有完全相同的元组

B）在一个关系中元组必须按关键字升序存放

C）在一个关系中必须将关键字作为该关系的第一个属性

D）同一个关系中不能出现相同的属性名

（9）在 Visual FoxPro 中，用_____结构来表示实体及实体间联系的模型称为关系模型。

    A）一个 DBF 表   B）若干个自由表

    C）一个 DBC 表   D）若干个二维表

（10）Visual FoxPro 是_____系统。

    A）文件数据库管理   B）网络数据库管理

    C）关系数据库管理   D）数据库应用

（11）设有关系 R1 和 R2，经过关系运算得到结果 S，则 S 是_____。

    A）一个关系   B）一个表单   C）一个数据库   D）一个数组

（12）在下列 4 个选项中，不属于基本关系运算的是_____。

    A）连接   B）投影   C）选择   D）排序

（13）从关系模式中指定若干个属性组成新的关系称为_____。

    A）选择   B）投影   C）联接   D）自然联接

（14）Visual FoxPro 数据库管理系统能够实现的三种基本关系运算是_____。

    A）选择、投影、联接   B）排序、索引、查找

    C）排序、索引、选择   D）选择、投影、索引

（15）以下关于关系的说法正确的是_____。

    A）列的次序非常重要   B）当需要索引时列的次序非常重要

    C）列的次序无关紧要   D）关键字必须指定为第一列

（16）同一个关系模型中的任意两个元组值_____。

    A）不可以完全相同   B）可以完全相同

    C）必须完全相同   D）以上说法都不正确

（17）数据库系统中对数据库进行管理的核心软件是_____。

    A）DBMS   B）DB   C）OS   D）DBS

（18）数据库系统与文件系统的最主要区别是_____。

    A）数据库系统复杂，而文件系统简单

    B）文件系统不能解决数据冗余和数据独立性问题，而数据库系统可以解决

    C）文件系统只能管理程序文件，而数据库系统能够管理各种类型的文件

    D）文件系统管理的数据量较少，而数据库系统可以管理庞大的数据量

（19）数据库（DB）、数据库系统（DBS）、数据库管理系统（DBMS）三者之间的关系是_____。

    A）DBS 包括 DB 和 DBMS   B）DBMS 包括 DB 和 DBS

    C）DB 包括 DBS 和 DBMS   D）DBS 就是 DB，也就是 DBMS

（20）Visual FoxPro DBMS 是_____。

    A）操作系统的一部分   B）操作系统支持下的系统软件

C) 一种编译程序   D) 一种操作系统

（21）设有部门和职员两个实体，每个职员只能属于一个部门，一个部门可以有多名职员，则部门与职员实体之间的联系类型是_____。

    A) $m:n$ B) $1:m$ C) $n:m$ D) $1:1$

（22）如果一个班只能有一个班长，而且一个班长不能同时担任其他班的班长，班级和班长两个实体之间的关系属于_____。

    A) 一对一联系   B) 一对二联系   C) 多对多联系   D) 一对多联系

（23）下列关于数据库系统的叙述正确的是_____。

    A) 数据库系统就是将许多文件统一起来管理的系统

    B) 数据库系统中数据的一致性是指数据大小的一致

    C) 数据库系统完全避免了数据冗余

    D) 数据库系统减少了数据冗余

（24）数据处理的中心问题是_____。

    A) 数据传输   B) 数据分组   C) 安全维护   D) 数据管理

（25）数据库系统的主要特点不包含_____。

    A) 实现数据库共享，减少数据冗余   B) 采用特定的数据模型

    C) 具有较高的数据独立性   D) 分散的数据控制功能

（26）可以起到保证一个表中记录唯一性的是_____。

    A) 域   B) 主关键字

    C) 外部关键字   D) 主关键字和候选关键字

（27）使用 SQL 语句增加字段的有效性规则，是为了能保证数据的_____。

    A) 实体完整性   B) 表完整性   C) 参照完整性   D) 域完整性

（28）在 Visual FoxPro 中，建立数据库表时，将年龄字段值限制在 $12\sim40$ 岁的这种约束属于_____。

    A) 实体完整性约束   B) 域完整性约束

    C) 参照完整性约束   D) 视图完整性约束

（29）下面 4 个选项中，不属于数据库管理系统支持的数据模型是_____。

    A) 概念模型   B) 层次模型   C) 网状模型   D) 关系模型

（30）按所使用的数据模型划分，数据库可分为_____三种模型。

    A) 层次、关系和网状   B) 环状、链状和网状

    C) 小型、中型和大型   D) 共享、独享和分时

2. 填空题

（1）数据管理技术发展过程经过人工管理、文件系统和数据库系统三个阶段，其中数据独立性最高的阶段是_____。

（2）一个关系表的行称为_____。

（3）在数据库系统中，实现各种数据管理功能的核心软件称为_____。

（4）在关系数据库中，用来表示实体之间联系的是_____。

（5）在数据库管理系统提供的数据定义语言、数据操纵语言和数据控制语言中，_____负责数据的模式定义与数据的物理存取构建。

（6）数据库设计包括概念设计、_____和物理设计。

（7）在二维表中，元组的_____不能再分成更小的数据项。

（8）在数据库技术中，实体集之间的联系可以是一对一或一对多或多对多的，那么"学生"和"可选课程"的联系为_____。

（9）在奥运会游泳比赛中，一个游泳运动员可以参加多项比赛，一个游泳比赛项目可以有多个运动员参加，游泳运动员与游泳比赛项目两个实体之间的联系是_____联系。

（10）信息是对客观事物_____的反映，信息是经过加工处理并对人类客观行为产生影响的_____表现形式。

（11）信息的特征是_____、_____、_____、_____、_____。

（12）数据处理也称为信息处理，是指利用计算机对各种类型的数据进行_____ _____等操作，使之变为有用信息的一系列活动的总称。

（13）模型是对现实世界特征的_____，_____数据模型是模型的一种，它是对现实世界数据_____。

（14）实体集 A 中的一个实体与实体集 B 中的多个实体相对应，反之，实体集 B 中的一个实体只能与实体集 A 中的一个实体相对应。记为_____。

（15）关系是一种规范化了的_____。

（16）数据库系统是指引入_____的计算机系统。它主要由五部分组成：_____、_____、_____、_____和_____。

（17）数据库系统分为_____、_____、_____。

（18）RDBMS 是通过 SQL 实现数据库的各种操作的，常见的做法有：_____、_____、_____。

（19）如果关系 R 中某属性集 F 是关系 S 的关键字，则对关系 R 而言，F 被称为_____。

3. 思考题

（1）什么是信息及信息和数据的关系？

（2）数据管理技术的发展经历了哪 3 个阶段？

（3）数据库管理系统提供哪 4 个方面的数据控制功能？

（4）实体间的联系类型有哪些？

（5）层次模型和关系模型有哪些特点？

（6）数据库系统有哪些特点？

（7）关系数据库的优点有哪些？

（8）简述典型的 RDBAS 开发环境。

（9）关系有哪些特征？

（10）数据的完整性包含哪些内容？

习题 2

1. 单选题

（1）Visual FoxPro 的程序文件（命令文件）的默认扩展名是_____。
   A）.QPR   B）.FPT   C）.FRX   D）.PRG

（2）Visual FoxPro 的备注文件的默认扩展名是_____。
   A）.FRX   B）.PRG   C）.FPT   D）.QPR

（3）Visual FoxPro 的查询文件的默认扩展名为_____。
   A）.QPR   B）.FPT   C）.PRG   D）.FRX

（4）Visual FoxPro 的表文件的默认扩展名为_____。
   A）.DBC   B）.DBF   C）.FPT   D）.SCX

（5）扩展名为 .SCX 的文件是_____。
   A）备注文件   B）项目文件   C）表单文件   D）菜单文件

（6）Visual FoxPro 的结构复合索引文件的默认扩展名为_____。
   A）.CDX   B）.FRX   C）.IDX   D）.SCX

（7）扩展名为 DBC 的文件是_____。
   A）表单文件   B）数据库表文件   C）数据库文件   D）项目文件

（8）在 Visual FoxPro 中，通常以窗口形式出现，用以创建和修改表、表单、数据库等应用程序组件的可视化工具称为_____。
   A）向导   B）设计器   C）生成器   D）项目管理器

2. 填空题

（1）Visual FoxPro 6.0 启动后，主窗口包括_____、_____、_____、_____、_____和_____。

（2）Visual FoxPro 6.0 的操作支持两种工作方式：_____和_____。

（3）项目是_____、_____、_____以及_____的集合，用于跟踪创建应用程序所需要的_____、_____、_____、_____、_____等文件。

（4）Visual FoxPro 6.0 提供的常用设计器有_____、_____、_____、_____、_____、_____。

（5）Visual FoxPro 6.0 系统中常见的文件类型包括：_____、_____、_____、_____、_____、_____等。

3. 思考题

（1）Visual FoxPro 系统有哪些特点？

（2）MSDN 的作用。

(3) Visual FoxPro 6.0 的操作支持哪两种工作方式？

(4) Visual FoxPro 6.0 系统提供的常用向导及其功能有哪些？

(5) Visual FoxPro 6.0 提供的常用生成器及功能有哪些？

(6) Visual FoxPro 6.0 中常用的文件扩展名及其所代表的文件类型有哪些？

习题 3

1. 单选题

(1) 从内存中清除内存变量的命令是_____。

    A) RELEASE   B) DELETE   C) ERASE   D) DESTROY

(2) 下列函数返回类型为数值型的是_____。

    A) STR   B) VAL   C) DTOC   D) TTOC

(3) 语句 LIST MEMORY LIKE a * 能够显示的变量不包括_____。

    A) a   B) a1   C) ab2   D) ba3

(4) 计算结果不是字符串"Teacher"的语句是_____。

    A) AT("MyTeacher",3,7)   B) SUBSTR("MyTeacher",3,7)

    C) RIGHT("MyTeacher",7)   D) LEFT("Teacher",7)

(5) 定义数组之后，数组元素的初值是_____。

    A) 整数 0   B) 不定值   C) 逻辑真   D) 逻辑假

(6) 设 X＝6＜5，命令？VARTYPE(X)的输出是_____。

    A) N   B) C   C) L   D) 出错

(7) 执行下列命令序列后，最后一条命令的显示结果是_____。

```
DIMENSION M(2,2)
M(1,1)=10
M(1,2)=20
M(2,1)=30
M(2,2)=40
?M(2)
```

    A) 变量未定义的提示   B) 10

    C) 20   D) .F.

(8) 如果内存变量和字段变量均有变量名"姓名"，那么引用内存变量的正确方法是_____。

    A) M.姓名   B) M—＞姓名   C) 姓名   D) A)和B)都可以

(9) 在 Visual FoxPro 中，有如下内存变量赋值语句_____。

```
X={^2001-07-28 10:15:20 PM}
Y=.F.
M=$123.45
```

```
N=123.45
Z="123.24"
```

执行上述赋值语句之后,内存变量 X、Y、M、N 和 Z 的数据类型分别是_____。

    A) L、Y、N、C   B) T、L、Y、N、C

    C) T、L、M、N、C   D) T、L、Y、N、S

(10) 命令?VARTYPE(TIME())的结果是_____。

    A) C   B) D   C) T   D) 出错

(11) 命令?LEN(SPACE(3)−SPACE(2))的结果是_____。

    A) 1   B) 2   C) 3   D) 5

(12) 要想将日期型或日期时间型数据中的年份用 4 位数字显示,应当执行设置命令_____。

    A) SET CENTURY ON   B) SET CENTURY OFF

    C) SET CENTURY TO 4   D) SET CENTURY OF 4

(13) 下列 Visual FoxPro 表达式中,运算结果为逻辑真的是_____。

    A) EMPTY(.NULL.)   B) LIKE('xy?','xyz')

    C) AT('xy','abcxyz')   D) ISNULL(SPACE(0))

(14) 在 Visual FoxPro 中,宏替换可以从变量中替换出_____。

    A) 字符串   B) 数值

    C) 命令   D) 以上三种都可能

(15) 若命令 Z=X+Y 执行正确,则 X、Y 的数据类型可以是_____。

    A) 均为逻辑型   B) X 为日期型、Y 为日期时间型

    C) 均为日期型   D) 均为整型

(16) 在 Visual FoxPro 中,学生表 STUDENT 中包含有通用型字段,表中通用型字段中的数据均存储到另一个文件中,该文件的扩展名为_____。

    A) .DOC   B) .MEM   C) .DBT   D) .FPT

(17) 在 Visual FoxPro 中,存储图像的字段类型应该是_____。

    A) 备注型   B) 通用型   C) 字符型   D) 双精度型

(18) 某数值型字段的宽度为 7,小数位为 2,则该字段所能存放的最大数值是_____。

    A) 0   B) 9999.99   C) −999.99   D) 1000.00

(19) 关于 Visual FoxPro 运算符的优先级,下列叙述中错误的是_____。

    A) 所有关系运算符的优先级都相等

    B) 逻辑运算符的优先级高于字符串运算符的优先级

    C) 字符串运算符"+"和"−"优先级相等

    D) 算术运算符的优先级高于逻辑运算符的优先级

(20) 要求表文件某数值型字段的整数是 8 位,小数是 2 位,其值可能为负数,该字段的宽度为_____。

    A) 10 位   B) 11 位   C) 12 位   D) 13 位

(21) 下列可以作为 Visual FoxPro 变量名的是_____。

    A)"AB_XY"   B)"XY_12"   C)AB_12   D)12_AB

(22) Visual FoxPro 的一个表文件最多可以含有的字段个数是_____。

    A)255 个   B)256 个   C)127 个   D)128 个

(23) 执行下列赋值语句之后,内存变量 M、N、P、Q 的数据类型分别是_____。

```
M=.T.
N=[100]
P=CTOD("99/01/01")
Q=100
```

    A)逻辑、字符、日期时间、数值   B)日期时间、字符、整、数值

    C)字符、逻辑、货币、备注   D)日期时间、逻辑、货币、数值

(24) 在 Visual FoxPro 中,下列关于日期或日期时间的表达式中,错误的是_____。

    A){^2009.09.01 11:10:10AM}−{^2000.09.01 11:10:10AM}

    B){^01/01/2009}+20

    C)20+{^2009.01.01}

    D){^2000/09/01}+{^2009/09/01}

(25) 在 Visual FoxPro 中字段的数据类型不可以指定为_____。

    A)日期时间型   B)时间日期型   C)时间型   D)日期型

(26) 下列数据中,属于字符型常量的是_____。

    A){15.15}   B)(15.15)   C)15.15   D)"15.15"

(27) 下列不属于 Visual FoxPro 内存变量数据类型的是_____。

    A)数值型   B)备份型   C)货币型   D)逻辑型

(28) 在下列书写格式中,能正确表示日期型常量的是_____。

    A)12/12/2009   B){2009-12-12}

    C)CTOD("12/12/2009")   D)"12/12/2009"

(29) 下列选项中不属于常量的是_____。

    A)aaa   B)"aaa"   C)1.25   D)[98/08/02]

(30) 表达式 27%5 的结果是_____。

    A)表达式错误   B)4   C)0   D)2

(31) TIME() 函数值的类型是_____。

    A)日期型   B)时间型   C)字符型   D)日期时间型

(32) 下列程序的输出结果是_____。

```
S1="计算机等级考试"
S2="等级考试"
?S2$S1
```

    A)4   B)7   C).F.   D).T.

(33) 下列数据中,不属于常量的是_____。

    A) F   B) .T.   C) "name"   D) "1999/01/01"

(34) 执行下列命令显示的结果是_____。

    ZH=[中华人民共和国]
    ?SUBSTR(ZH, LEN(ZH)/2-4,4)

    A) 中华   B) 华人   C) 人民   D) 共和

(35) 表达式 VAL(SUBSTR("酷睿1234",5,2)) * LEN("FoxPro") 的值是_____。

    A) 0   B) 12   C) 72   D) 204

(36) 命令?ROUND(337.2007,3) 执行结果显示的是_____。

    A) 0   B) 337.200   C) 337.201   D) 337

(37) 命令?AT("ter","Internet") 执行结果显示的是_____。

    A) .T.   B) .F.   C) 0   D) 3

(38) 命令?STR(2000.3344,6,4)执行后屏幕的显示结果为_____。

    A) 2000.33   B) 2000.34   C) 2000.3   D) 2000.4

(39) 设 X="11",Y="1122",下列表达式结果为假的是_____。

    A) NOT(X==Y) AND (X $ Y)   B) NOT(X $ Y) OR (X<>Y)

    C) NOT(X>=Y)   D) NOT(X $ Y)

(40) 设 M="555",N="777",下列表达式的值为逻辑假的是_____。

    A) NOT(M>=N)   B) NOT(M<>N)

    C) NOT(N $ M) AND (M<>N)   D) NOT(M==N) OR (M $ N)

(41) 在逻辑运算中,运算优先级由低到高的顺序是_____。

    A) OR-AND-NOT   B) AND-OR-NOT

    C) NOT-AND-OR   D) NOT-OR-AND

(42) 设有变量 sr=[2010年上半年全国计算机等级考试],能够显示"2010年等级考试"的命令是_____。

    A) ?sr-[全国]

    B) ?SUBSTR(sr,1,6)+SUBSTR(sr,23,8)

    C) ?STR(sr,1,12)+STR(sr,17,14)

    D) ?SUBSTR(sr,1,12)+SUBSTR(sr,17,14)

(43) 执行命令?ROUND(123.456,0)<INT(123.456),显示结果是_____。

    A) T   B) F   C) .T.   D) .F.

(44) 在下列表达式中,结果为字符型的是_____。

    A) DTOC(DATE())>[08/01/96]   B) [125]-[90]

    C) CTOD([10/01/99])   D) [abc]+[def]=[abcdef]

(45) 下列表达式中,值为数值型的是_____。

    A) LEN(SPACE(5))-1   B) CTOD(11/22/01)-10

C) 20+200＝220   D) "7711"－"5533"

(46) 如果希望从字符串"天津市"中取出汉字"津"字,应使用的函数是_____。

A) SUBSTR("天津市",3,2)   B) SUBSTR("天津市",3,1)

C) SUBSTR("天津市",2,2)   D) SUBSTR("天津市",2,1)

(47) 设 X＝666,Y＝555,Z="X＋Y",表达式 &Z+1 的值是_____。

A) 错误   B) X＋Y＋1   C) 1222   D) 6665551

(48) 下面关于表达式的说法,不正确的是_____。

A) 数值表达式由算术运算符将数值型数据连接起来形成,运算结果仍然是数值型数据

B) 字符表达式由字符串运算符将字符型数据连接起来形成,运算结果仍是字符型数据

C) 关系表达式通常称为简单逻辑表达式,它由关系运算符将两个运算对象连接起来形成,其运算结果仍是关系型数据

D) 逻辑表达式由逻辑运算符将逻辑型数据连接起来而形成,运算结果仍是逻辑型数据

(49) 下列表达式中表达有错的是_____。

A) "ABC"＝＝"ABC"

B) NOT(ROUND(123.456,2)<INT(123.45))

C) {98-05-01}＋4>{98-06-26}

D) "ABC"<"ABCD"

(50) 下面关于运算符的说法,不正确的是_____。

A) ＊、/和％的优先级一样   B) ＊＊的优先级高于％

C) ( )的优先级高于＊＊或^   D) ％的优先级高于＊＊

(51) 下面语句的显示结果是_____。

? SQRT(4 ＊ SQRT(−4))

A) 4   B) －4

C) 2   D) 表达式出错,不返回任何值

(52) 以下四组表达式中结果是逻辑值.T. 的是_____。

A) 'str' $ 'string'   B) 'STR' $ 'This Is a String'

C) 'String' $ 'STR'   D) 'str'＞'string'

(53) 表达式 YEAR(DATE ( )) 返回结果的类型为_____。

A) 日期型   B) 字符型   C) 数值型   D) 逻辑型

(54) 设当前库中有字符型字段"姓名"和数值型字段"分数",显示当前记录的姓名和分数的命令是_____。

A) ? 姓名＋分数   B) ? 姓名＋STR(分数,6,2)

C) LIST 姓名＋STR(分数,6,2)   D) DISPLAY 姓名＋分数

(55) 执行 SET EXACT OFF 命令后,再执行"吉林省"＝"吉林"命令的显示结果

是_____。

    A).F.   B).T.   C) 0   D) 非 0

(56) 关于 Visual FoxPro 的变量,下面说法中正确的是_____。

    A) 使用一个简单变量之前要先声明或定义

    B) 定义数组以后,系统为数组的每个数组元素赋值以数值 0

    C) 数组中各数组元素的数据类型可以不同

    D) 数组元素的下标下限为 0

(57) 表达式 STR(314.159,7,3)的值是_____。

    A) 314.159   B) "314.159"   C) 314.150   D) "314.150"

(58) 在"职工档案"表文件中,婚姻状况字段为 L 型,逻辑真表示已婚,逻辑假表示未婚;性别字段为 C 型,若要表示"未婚的女职工",应该使用的表达式是_____。

    A) (婚姻状况=.F.) OR (性别='女')

    B) NOT 婚姻状况 AND (性别='女')

    C) 婚姻状况 AND (性别=女)

    D) 婚姻状况 OR (性别=女)

(59) 执行下面语句后,屏幕显示结果是_____。

```
M= "CUS"
M=M+ ".PRG"
?M
```

    A) M.PRG   B) CUS.PRG   C) M   D) CUS

(60) 下列对内存变量的叙述,不正确的是_____。

    A) 内存变量独立于表文件

    B) 内存变量有数据类型之分

    C) 内存变量可以使用赋值语句定义

    D) 内存变量的值是固定的,不可以用任何形式来定义

(61) 执行以下两条命令后,屏幕上显示的内容是_____。

```
STORE 576.468 TO A
?18+A
```

    A) 576.468   B) 594.468   C) 57618.468   D) 594.568

(62) 假设职员表已在当前工作区打开,其当前记录的"姓名"字段值为"张三"(字符型,宽度为 6)。在命令窗口输入并执行如下命令:

```
姓名=姓名-"您好"
?姓名
```

那么主窗口中将显示_____。

    A) 张三   B) 张三 您好   C) 张三您好   D) 出错

(63) 关于 Visual FoxPro 的变量,下面说法中正确的是_____。

    A) 使用一个简单变量之前要先声明或定义

B) 数组中各数组元素的数据类型可以不同

C) 定义数组以后,系统为数组的每个数组元素赋值以数值 0

D) 数组元素的下标下限为 0

(64) 设 A=[5 * 8+9],B=6 * 8,C="6 * 8",下列属于合法表达式的是_____。

A) C−B   B) A+C   C) B+C   D) A+B

(65) 用来同时给若干个变量赋予相同初值的命令是_____。

A) =   B) ==   C) STORE   D) Input

(66) 在 Visual FoxPro 中说明数组的命令是_____。

A) DIMENSION 和 ARRAY   B) DECLARE 和 ARRAY

C) DIMENSION 和 DECLARE   D) 只有 DIMENSION

(67) 下列数据中,不是常量的是_____。

A) monday   B) "name"

C) "1999/01/01"   D) . F.

(68) 要显示系统中所使用的内存变量,可以在命令窗口中输入命令_____。

A) DISPLAY FIELD   B) DISPLAY OFF

C) DISPLAY MEMORY   D) DISPLAY

(69) 要清除当前所有名字的第二个字符为 M 的内存变量,应该使用_____。

A) RELEASE ALL * M   B) RELEASE ALL LIKE M

C) RELEASE ALL LIKE ?M *   D) RELEASE ALL LIKE "?M"

(70) 用 Y 表的"姓名"字段当前值给内存变量"学生"赋值,可使用的命令是_____。

A) STORE 姓名 TO 学生   B) STORE Y.学生 TO 姓名

C) STORE Y.姓名 学生   D) STORE TO 学生

(71) CLEAR ALL 命令的功能是_____。

A) 关闭所有文件,并释放内存空间

B) 释放内存变量,但不关闭文件

C) 关闭文件,但不释放内存空间

D) 既不关闭文件,也不释放内存空间

(72) 使用 DIMENSION 命令定义数组后,各数组元素在没有赋值之前的数据类型是_____。

A) 字符型   B) 逻辑型   C) 数值型   D) 无任何

(73) 在下面 4 个函数中,函数值不是逻辑型的是_____。

A) BOF()   B) RECNO()   C) EOF()   D) FOUND()

(74) 有如下赋值语句,值为"大家好"的表达式是_____。

a="你好", b="大家"

A) b+SUBSTR(a,2,1)   B) b+RIGHT(a,1)

C) b+LEFT(a,2)   D) b+RIGHT(a,2)

(75) 下列函数中,测试表文件记录数的是_____。

    A) RECNO()   B) RECCOUNT()   C) FOUND()   D) EOF

(76) 表达式 LEN(SPACE(0))的值是_____。

    A).NULL.   B) 1   C) 0   D) ""

(77) ?DAY("01/08/99")命令的执行结果显示为_____。

    A) 出错提示   B) 8   C) 1   D) 系统日期

(78) 执行语句?STR(1000.50)后的显示结果为_____。

    A) 1000   B) 1000.50   C) 1001   D) 1000.5

(79) 顺序执行下列命令的显示结果是_____。

```
STORE "计算机" TO s1
STORE "计算机世界" TO s2
?s1$s2,s2$s1
```

    A).T. .F.   B).F. .T.   C).F. .F.   D).T. .T.

(80) 表达式"Windows"="Wind"返回的结果为_____。

    A).T.   B).F.

    C) 表达式错误   D) 结果以乱码的形式表示

(81) 在 Visual FoxPro 的表结构中,通用型、备注型和日期型字段的宽度分别为_____。

    A) 4 8 4   B) 8 4 4   C) 4 4 8   D) 8 8 4

(82) 下列表达式中,表达式值为.F.的是_____。

    A) AT("A","BCD")   B) "[信息]"$"管理信息系统"

    C) ISNULL(.NULL.)   D) SUBSTR("计算机技术",3,2)

(83) 在 Visual FoxPro 中,关于字段值为空值(NULL)的描述中正确的是_____。

    A) 空值等同于空字符串   B) 空值表示字段还没有确定值

    C) 不支持字段值为空值   D) 空值等同于数值 0

(84) 设 a="计算机等级考试",结果为"考试"的表达式是_____。

    A) Left(a,4)   B) Right(a,4)   C) Left(a,2)   D) Right(a,2)

(85) 下列正确的赋值语句是_____。

    A) STORE 3 TO m,n   B) STORE 3,5 TO m,n

    C) x=8,y=7   D) m,n=6

(86) 已知 STD.DBF 中"姓名"字段的宽度为 6,顺序执行如下命令,?LEN(MMN)的显示结果是_____。

```
STORE 姓名 TO MMN
?MMN
陈红
?LEN(MMN)
```

    A) MMN   B) 4   C) 6   D) 8

(87) 执行如下程序段,显示结果是_____。

```
STORE '-98' TO x
STORE '65' TO y
STORE 'A65' TO z
?VAL(x-y),VAL(x-z)
```

  A) 出错提示   B) -163.00 -98A65.00

  C) -9865.00 -98.00   D) -9865.00 -0.00

(88) 用来同时给若干个变量赋予相同初值的命令是_____。

  A) =   B) ==   C) STORE   D) INPUT

(89) 下列语句中,可以实现给内存变量 VVP 赋逻辑真值的命令是_____。

  A) VVP=".T."   B) STORE "T" TO VVP

  C) VVP=TRUE   D) STORE .T. TO VVP

(90) 执行下列命令:

```
m1=$100.387
m2=$300.123456
?m1
?m2
```

  输出结果是_____。

  A) 100.3870   B) 100.387   C) 100   D) 100.4
    300.1235   300.123456   300   300.1

2. 填空题

(1) 在 Visual FoxPro 系统定义的 13 种字段类型分别是_____、_____、
_____、_____、_____、_____、_____、_____、_____、_____、
_____、_____和_____。

(2) 在 Visual FoxPro 系统定义的 7 种数据类型是_____、_____、_____、
_____、_____、_____和_____。

(3) Visual FoxPro 定义了 5 种类型的常量_____、_____、_____、_____
和_____。

(4) 在 Visual FoxPro 中有 4 种变量_____、_____、_____和_____。

(5) Visual FoxPro 中的表达式分为_____、_____、_____、_____和
_____ 5 种。

(6) 在 Visual FoxPro 系统中,用命令_____、_____、_____在表文件中查找
指定条件的记录。不管采用何种查找命令,若找到了符合条件的记录,_____函数的返
回值为真(.T.);若未找到,则函数返回值为假(.F.)。

(7) DBF()函数的功能:返回当前或指定工作区中的数据表文件名,返回值为
_____型。如没有打开的数据表文件,则返回_____。

(8) 执行命令 A＝2005/4/2 之后,内存变量 A 的数据类型是_____。

(9) 表达式{^2005-10-3 10:0:0}-{^2005-10-3 9:0:0}的数据类型是_____。

(10) 在 Visual FoxPro 中,将只能在建立它的模块中使用的内存变量称为_____。

(11) ？AT("EN",RIGHT("STUDENT",4))的执行结果是_____。

(12) 数据库表上字段有效性规则是一个_____表达式。

3. 思考题

(1) Visual FoxPro 命令的一般格式为：命令字 ［＜范围＞］［FIELDS＜表达式表＞］
［FOR＜条件＞］［WHILE＜条件＞］,命令中各选项的含义是什么?

(2) Visual FoxPro 支持哪两类不同的命令执行方式?

(3) 什么是字符型字段和字符型数据?

(4) 什么是逻辑型字段和逻辑型数据?

(5) 清除内存变量的命令及使用方法有哪些?

(6) 如何理解求余函数?

(7) 宏代换函数 & 的功能及使用方法有哪些?

习题 4

1. 单选题

(1) 使用索引的主要目的是_____。

    A) 提高查询速度   B) 节省存储空间

    C) 防止数据丢失   D) 方便管理

(2) 在表设计器的"字段"选项卡中,字段有效性的设置项中不包括_____。

    A) 规则   B) 信息   C) 默认值   D) 标题

(3) 在创建数据库结构时,给该表指定了主索引,这属于数据完整性中的_____。

    A) 参照完整性   B) 实体完整性

    C) 域完整性   D) 用户定义完整性

(4) 在创建表结构时,为该表中一些字段建立普通索引,其目的是_____。

    A) 改变表中记录的物理顺序   B) 为了对表进行实体完整性约束

    C) 加快数据库表的更新速度   D) 加快数据库表的查询速度

(5) 设有两个数据库表,父表和子表之间是一对多的联系,为控制子表和父表的关联,可以设置"参照完整性规则",为此要求这两个表_____。

    A) 在父表关联字段上建立普通索引,在子表关联字段上建立主索引

    B) 在父表关联字段上建立主索引,在子表关联字段上建立普通索引

    C) 在父表关联字段上不需要建立任何索引,在子表关联字段上建立普通索引

    D) 在父表和子表的关联字段上都要建立主索引

（6）在指定字段或表达式中不允许出现重复值的索引是_____。

    A）唯一索引   B）唯一索引和候选索引

    C）唯一索引和主索引   D）主索引和候选索引

（7）打开数据库 abc 的正确命令是_____。

    A）OPEN DATABASE abc   B）USE abc

    C）USE DATABASE abc   D）OPEN abc

（8）在 Visual FoxPro 中，下列关于表的描述中正确的是_____。

    A）在数据库表和自由表中，都能给字段定义有效性规则和默认值

    B）在自由表中，能给表中的字段定义有效性规则和默认值

    C）在数据库表中，能给表中的字段定义有效性规则和默认值

    D）在数据库表和自由表中，都不能给字段定义有效性规则和默认值

（9）在 Visual FoxPro 中，假定数据库表 S（学号，姓名，性别，年龄）和 SC（学号，课程号，成绩）之间使用"学号"建立了表之间的永久联系，在参照完整性的更新规则、删除规则和插入规则中选择设置了"限制"。如果表 S 所有的记录在表 SC 中都有相关联的记录，则_____。

    A）允许修改表 S 中的学号字段值

    B）允许删除表 S 中的记录

    C）不允许修改表 S 中的学号字段值

    D）不允许在表 S 中增加新的记录

（10）在 Visual FoxPro 中，关于字段值为空值（NULL）的描述中正确的是_____。

    A）空值等同于空字符串   B）空值表示字段还没有确定值

    C）不支持字段值为空值   D）空值等同于数值 0

（11）在 Visual FoxPro 中，数据库表的字段或记录的有效性规则的设置可以在_____。

    A）项目管理器中进行   B）数据库设计器中进行

    C）表设计器中进行   D）表单设计器中进行

（12）在 Visual FoxPro 的数据库表中只能有一个_____。

    A）候选索引   B）普通索引   C）主索引   D）唯一索引

（13）下列关于数据库表和自由表的描述中错误的是_____。

    A）数据库表和自由表都可以用表设计器来建立

    B）数据库表和自由表都支持表间联系和参照完整性

    C）自由表可以添加到数据库中成为数据库表

    D）数据库表可以从数据库中移出成为自由表

（14）下列关于 ZAP 命令的描述中正确的是_____。

    A）ZAP 命令只能删除当前表的当前记录

    B）ZAP 命令只能删除当前表的带有删除标记的记录

    C）ZAP 命令能删除当前表的全部记录

D）ZAP 命令能删除表的结构和全部记录

（15）在数据库表上的字段有效性规则是_____。

　　A）逻辑表达式　　　　　　　　　B）字符表达式
　　C）数字表达式　　　　　　　　　D）以上三种都有可能

（16）要为当前表所有性别为"女"的职工增加 100 元工资，应使用命令_____。

　　A）REPLACE ALL 工资 WITH 工资＋100
　　B）REPLACE 工资 WITH 工资＋100 FOR 性别＝"女"
　　C）CHANGE ALL 工资 WITH 工资＋100
　　D）CHANGE ALL 工资 WITH 工资＋100 FOR 性别＝"女"

（17）MODIFY STRUCTURE 命令的功能是_____。

　　A）修改记录值　　　　　　　　　B）修改表结构
　　C）修改数据库结构　　　　　　　D）修改数据库或表结构

（18）参照完整性规则的更新规则中"级联"的含义是_____。

　　A）更新父表中的连接字段值时，用新的连接字段值自动修改子表中的所有相
　　　　关记录
　　B）若子表中有与父表相关的记录，则禁止修改父表中的连接字段值
　　C）父表中的连接字段值可以随意更新，不会影响子表中的记录
　　D）父表中的连接字段值在任何情况下都不允许更新

（19）在数据库中建立表的命令是_____。

　　A）CREATE　　　　　　　　　　　B）CREATE DATABASE
　　C）CREATE QUERY　　　　　　　　D）CREATE FORM

（20）Visual FoxPro 的"参照完整性"中"插入规则"包括的选择是_____。

　　A）级联和忽略　　　　　　　　　B）级联和删除
　　C）级联和限制　　　　　　　　　D）限制和忽略

（21）在 Visual FoxPro 中，如果在表之间的联系中设置了参照完整性规则，并在删除
规则中选择了"限制"，则当删除父表中的记录时，系统反应是_____。

　　A）不做参照完整性检查
　　B）不准删除父表中的记录
　　C）自动删除子表中所有相关的记录
　　D）若子表中有相关记录，则禁止删除父表中记录

（22）有一个学生表文件，且通过表设计器已经为该表建立了若干普通索引，其中一
个索引的索引表达式为姓名字段，索引名为 XM。现假设学生表已经打开，且处于当前工
作区中，那么，可以将上述索引设置为当前索引的命令是_____。

　　A）SET INDEX TO 姓名　　　　　　B）SET INDEX TO XM
　　C）SET ORDER TO 姓名　　　　　　D）SET ORDER TO XM

（23）当前打开的图书表中有字符型字段"图书号"，要求将图书号以字母 A 开头的
图书记录全部打上删除标记，通常可以使用命令_____。

　　A）DELETE FOR 图书号＝"A"　　　B）DELETE WHILE 图书号＝"A"

C) DELETE FOR 图书号＝"A∗"　　　D) DELETE FOR 图书号 LIKE "A％"

(24) 打开数据库的命令是_____。

    A) USE　　　　　　　　　　　　B) USE DATABASE

    C) OPEN　　　　　　　　　　　　D) OPEN DATABASE

(25) 如果有定义 LOCAL data,data 的初值是_____。

    A) 整数 0　　　　B) 不定值　　　　C) 逻辑真　　　　D) 逻辑假

(26) 在 Visual FoxPro 中,下列关于索引的描述正确的是_____。

    A) 当数据库表建立索引以后,表中的记录的物理顺序将被改变

    B) 索引的数据将与表的数据存储在一个物理文件中

    C) 建立索引是创建一个索引文件,该文件包含有指向表记录的指针

    D) 使用索引可以加快对表的更新操作

(27) 已知表中有字符型字段"职称"和"性别",要建立一个索引,要求首先按"职称"排序,"职称"相同时再按"性别"排序,正确的命令是_____。

    A) INDEX ON 职称＋性别 TO ttt　　B) INDEX ON 性别＋职称 TO ttt

    C) INDEX ON 职称,性别 TO ttt　　　D) INDEX ON 性别,职称 TO ttt

(28) 命令"SELECT 0"的功能是_____。

    A) 选择编号最小的未使用工作区

    B) 选择 0 号工作区

    C) 关闭当前工作区中的表

    D) 选择当前工作区

(29) 职工.DBF 的性别字段为逻辑型,"女"为逻辑真,"男"为逻辑假。顺序执行下列命令后,屏幕显示为_____。

```
USE 职工
APPEND BLANK
REPLACE 姓名 WITH "李小楠", 性别 WITH .T.
?IIF(性别,"女","男")
```

    A) 男　　　　　　　B) 女　　　　　　　C) .T.　　　　　　　D) .F.

(30) 设有日期类型字段 DD,日期格式为 mm/dd/yyyy。在以下四组命令中,各条命令功能相同的是_____。

    A) LIST FOR SUBSTR(DTOC(DD),4,4)＝"2002"

       LIST FOR YEAR(DD)＝2002

       LIST FOR "2002" $ DTOC(DD)

    B) LIST FOR SUBSTR(DTOC(DD),7,4)＝"2002"

       LIST FOR YEAR(DD)＝2002

       LIST FOR "2002" $ DTOC(DD)

    C) LIST FOR SUBSTR(DTOC(DD),1,4)＝"2002"

       LIST FOR YEAR(DD)＝"2002"

       LIST FOR "2002" $ DTOC(DD)

D) LIST FOR SUBSTR(DTOC(DD),7,4,)="2002"

   LIST FOR YEAR(DD)=2002

   LIST FOR "2002" $ DD

(31) 设学生成绩表已经打开,要把记录指针定位在第 1 个总成绩高于 600 分的记录上,应使用命令_____。

   A) SEEK 总成绩>600   B) FIND 总成绩>600

   C) FIND FOR 总成绩>600   D) LOCATE FOR 总成绩>600

(32) 已经打开的 CUS.DBF 表文件中有 13 条记录,顺序执行以下命令输出的结果是_____。

```
GO TOP
SKIP 2
?RECNO ()
```

   A) 1   B) 2   C) 3   D) 4

(33) 删除职工表中的第 2 条记录所使用的命令语句是_____。

   A) USE 职工   B) USE 职工
      GOTO 2   GOTO 2
      DELETE   PACK
      PACK

   C) USE 职工   D) USE 职工
      DELETE 2   DELETE
                           PACK 2

(34) 使用命令 APPEND 向表中插入记录时,所插入记录的位置是_____。

   A) 表的首部   B) 表的尾部

   C) 当前记录之前   D) 当前记录之后

(35)在表设计器的"字段"选项卡中有一组定义字段有效性规则的项目,它们是_____。

   A) 规则、信息   B) 规则、默认值

   C) 信息、默认值   D) 规则、信息、默认值

(36)顺序执行下列命令,所实现的功能是_____。

```
USE stud.dbf
DELETE ALL FOR 贷款金额=400
```

   A) 逻辑删除 stud.dbf 中贷款金额这一列

   B) 逻辑删除 stud.dbf 中,贷款金额为 400 元的所有记录

   C) 逻辑删除 stud.dbf 表

   D) 以上说法都不正确

(37) 打开表,查找第 2 个女同学的记录的命令是_____。

A) LOCATE FOR 性别="女"   B) LOCATE FOR 性别="女"
                                  NEXT 2
C) LOCATE FOR 性别="女"   D) LIST FOR 性别="女"
   CONTINUE   NEXT 2

(38) 选出下面说法中,不正确的一项_____。

A) 使用 SET ORDER 命令可以指定当前索引

B) 使用 SEEK 命令可以利用索引快速定位

C) DELETE TAG ALL 用来删除数据库中所有的表文件

D) SET INDEX TO 命令用来打开索引文件

(39) 用于指定当前表从当前记录开始直到最后一条记录的范围子句是_____。

A) RECORD   B) REST   C) NEXT   D) ALL

(40) 要将年龄表中所有学生的年龄加2,应输入_____命令。

A) REPLACE ALL 年龄 WITH 年龄+2

B) BROWSE ALL 年龄 WITH 年龄+2

C) REPLACE ALL 年龄+2 WITH 年龄

D) BROWSE ALL 年龄+2 WITH 年龄

(41) 在当前工作区打开的 TEMP.DBF 是一个含有 2 个备注型字段的表文件,执行 COPY TO 命令进行复制操作,其结果是_____。

A) 仅得到一个新的表文件

B) 得到一个新的表文件和一个新的备注文件

C) 得到一个新的表文件和两个新的备注文件

D) 系统提示出错,指出不能复制含有备注型字段的表文件

(42) 对表"职工.DBF"顺序执行下列命令后,函数 RECNO() 的值为_____。

USE 职工
GO TOP
SKIP -1

A) .NULL.   B) 1   C) 0   D) -1

(43) 职工表中有姓名、性别、出生日期等字段,要显示所有 1980 年出生的职工的信息,应使用的命令是_____。

A) LIST 姓名 FOR 出生日期=1980

B) LIST 姓名 FOR 出生日期="1980"

C) LIST 姓名 FOR YEAR(出生日期)=1980

D) LIST 姓名 FOR YEAR("出生日期")=1980

(44) 显示订购单号首字符是 P 的订单记录,应该使用命令_____。

A) LIST FOR HEAD(订购单号,1)="P"

B) LIST FOR LEFT(订购单号,1)="P"

C) LIST FOR "P" $ 订购单号

D) LIST FOR RIGHT(订购单号,1)="P"

(45) 在数据表中,记录长度至少要比各字段宽度之和多一个字节,这个字节的用途是_____。

    A) 存放记录分隔标记的   B) 存放记录序号的

    C) 存放记录指针定位标记的   D) 存放删除标记的

(46) 假设当前数据库中存在名称为 A1.dbf 的表,打开该数据库表的命令是_____。

    A) USE A1   B) USE   C) OPEN   D) OPEN A1

(47) 下列命令中,可以用来定位记录指针的是_____。

    A) USE   B) GO   C) OPEN   D) SELECT

(48) 下列命令中,执行结果不取决于当前索引的是_____。

    A) SKIP   B) SEEK   C) LIST   D) GOTO 15

(49) 因为执行下列命令而有了删除标记的记录号范围是_____。

```
USE 职工
SKIP
DELETE NEXT 2
```

    A) 1~2   B) 2~3   C) 3~4   D) 2~4

(50) 在 Visual FoxPro 中,要显示表中当前记录的内容,应使用的命令是_____。

    A) DISPLAY   B) LIST   C) DIR   D) BROWSE

(51) 学生成绩表总共有 4 个数值型字段:操作系统、数据结构、C 语言和总分,其中操作系统、数据结构、C 语言成绩均已录入,但总分字段为空。现在要将所有学生的总分自动计算出来并填入总分字段中,使用的命令是_____。

    A) REPLACE 总分 WITH 操作系统+数据结构+C 语言

    B) REPLACE 总分 WITH 操作系统,数据结构,C 语言

    C) REPLACE 总分 WITH 操作系统+数据结构+C 语言 ALL

    D) REPLACE 总分 WITH 操作系统+数据结构+C 语言 FOR ALL

(52) 打开一个学生成绩表,其中包含的字段有姓名(C)、性别(C)、年龄(N)、学期总成绩(N)等,要想将所有学生的平均成绩计算出来,并将结果赋予变量 MMN,可使用命令_____。

    A) USE 成绩.DBF

        SUM ALL 学期总成绩 TO MMN

    B) USE 成绩.DBF

        AVERAGE ALL 学期总成绩 TO MMN

    C) USE 成绩.DBF

        TOTAL ALL ON 学期总成绩 TO MMN

    D) USE 成绩.DBF

        COUNT ALL FOR 学期总成绩 TO MMN

(53) 仅复制表文件结构的命令是_____。

    A) COPY FILE TO

B) COPY STRUCTURE TO

C) COPY TO FILE

D) COPY FILE STRUCTURE TO

(54) 把学生表 STA. DBF 的学号和姓名字段的数据复制成另一个表文件 STB. DBF,应使用命令_____。

A) USE STA

COPY TO STB FIELDS 学号,姓名

B) USE STB

COPY TO STA FIELDS 学号,姓名

C) COPY STA TO STB FIELDS 学号,姓名

D) COPY STB TO STA FIELDS 学号,姓名

(55) 下面有关物理删除和逻辑删除的叙述,不正确的是_____。

A) 逻辑删除命令是 DELETE

B) 被逻辑删除的记录可以使用 RECALL 命令恢复

C) 物理删除有删除标记记录的命令是 PACK

D) 被物理删除的记录也可以使用 RECALL 命令恢复

(56) 假设当前表文件中姓名字段为字符型,要以字符型内存变量 NAME 的值替代当前记录的姓名字段的值,应使用的命令是_____。

A) 姓名＝NAME

B) 姓名＝&NAME

C) REPLACE ALL 姓名 WITH NAME

D) REPLACE 姓名 WITH NAME

(57) 要从某个表中真正删除一条记录,应使用_____。

A) 直接使用 DELETE 命令即可

B) 先使用 DELETE 命令,再使用 PACK 命令

C) 先使用 DELETE 命令,再使用 ZAP 命令

D) 直接使用 ZAP 命令即可

(58) 在 Visual FoxPro 环境下,如果已经打开表 AA. DBF,需要统计该表中的记录数,使用的命令是_____。

A) TOTAL   B) COUNT   C) SUM   D) AVERAGE

(59) 按照逻辑顺序定位记录的命令是_____。

A) SKIP   B) GOTO   C) GO   D) LOCATE

(60) 按照产品表中的序列号字段升序,给产品表 CP. DBF 建立一个索引,应使用的命令是_____。

A) USE CP. DBF

INDEX ON 序列号 TAG ING

B) USE CP. DBF

INDEX ON 序列号/A TAG ING

C) USE CP. DBF

INDEX ON 序列号 TO ING

D) USE CP. DBF

INDEX ON 序列号/D TAG ING

(61) 在供应商表 PC 中加入一个产品生产日期字段,正确的方法是_____。

A) 使用 ADD 命令打开表设计器,进行添加

B) 使用 MODIFY STRUCTURE 命令打开表设计器,进行添加

C) 先使用 USE PC 命令打开表,再使用 MODIFY STRUCTURE 命令进行添加

D) 先使用 OPEN PC 命令打开表,再使用 MODIFY STRUCTURE 命令进行添加

(62) 缺省其他选项的时候,数据库记录输出命令 LIST 和 DISPLAY 的区别是_____。

A) DISPLAY 显示全部记录,LIST 显示当前一条记录

B) LIST 显示全部记录,DISPLAY 显示当前一条记录

C) LIST 和 DISPLAY 都显示全部记录

D) LIST 和 DISPLAY 都显示当前一条记录

(63) 假设已经为当前表"学生. DBF"设置了主控索引,记录个数为 200,若当前记录号是 86,要使指针一定能指向记录号为 100 的记录,应当使用的命令是_____。

A) GO 86   B) SKIP 14   C) GO 100   D) SKIP −14

(64) SKIP 命令实现的功能是_____。

A) 直接定位记录指针的位置

B) 使记录指针从当前位置向上或向下移动一条或几条记录

C) 统计当前工作区中指定的范围

D) 计算当前工作区中的数值型字段的总数

(65) 物理删除当前表中第 7 条记录至第 14 条记录的命令是_____。

A) GO 7   B) GO 7

DELETE NEXT 7   NEXT 7

PACK   DELETE

PACK

C) GOTO 7   D) GO 7

DELETE   DELETE

NEXT 7   NEXT 7

DELETE   DELETE

PACK

(66) 执行 LIST NEXT 1 命令之后,记录指针的位置指向_____。

A) 下一条记录   B) 原记录   C) 尾记录   D) 首记录

(67) 在职工表文件末尾仅能增加一条空记录的命令是_____。

A) USE 职工. DBF   B) USE 职工. DBF

APPEND BLANK 1   APPEND BLANK

C) USE 职工.DBF   D) USE 职工.DBF
   INSERT BLANK 1   INSERT

(68) 当前打开的图书表中有字符型字段"图书号",要求图书号以字母 A 开头的图书记录全部打上删除标记,通常可以使用命令_____。

    A) DELETE FOR 图书号＝"A"

    B) DELETE WHILE 图书号＝"A"

    C) DELETE FOR 图书号＝"A＊"

    D) DELETE FOR 图书号 LIKE "A％"

(69) 取消对已经加上删除标记的记录的删除操作,应使用的命令是_____。

    A) RECALL   B) PACK   C) REPLACE   D) DELETE

(70) 数据库文件有 13 条记录,当前记录号为 5,执行命令 LIST NEXT 3 以后,所显示记录的序号是_____。

    A) 1～3   B) 5～7   C) 6～8   D) 11～13

(71) 在 Visual FoxPro 中,调用表设计器建立表文件 STUDENT.DBF 的命令是_____。

    A) MODIFY STRUCTURE STUDENT

    B) MODIFY COMMAND STUDENT

    C) CREATE STUDENT

    D) CREATE TABLE STUDENT

(72) 可以用交互方式对当前表的结构进行操作的环境是_____。

    A) 表设计器   B) 表向导   C) 表浏览器   D) 表编辑器

(73) 在 Visual FoxPro 中,相当于主关键字的索引是_____。

    A) 主索引   B) 普通索引   C) 唯一索引   D) 排序索引

(74) 对某一个数据库建立以姓名(C,8)和成绩(N,4)升序的多字段结构复合索引的正确的索引关键字表达式为_____。

    A) 姓名＋成绩   B) 姓名＋STR(成绩,4)

    C) VAL(姓名)＋成绩   D) 姓名,成绩

(75) 以下关于主索引和候选索引的叙述,正确的是_____。

    A) 主索引和候选索引都能保证表记录的唯一性

    B) 主索引和候选索引都可以建立在数据库表和自由表上

    C) 主索引可以保证表记录的唯一性,而候选索引不能

    D) 主索引和候选索引是相同的概念

(76) 用命令"INDEX ON 姓名 TAG index_name UNIQUE"建立索引,其索引类型是_____。

    A) 主索引   B) 候选索引   C) 普通索引   D) 唯一索引

(77) 对自由表无法设置的索引是_____。

    A) 唯一索引   B) 候选索引   C) 主索引   D) 普通索引

(78) 在创建数据库表结构时,为该表中一些字段建立普通索引,其目的是_____。

A）改变表中记录的物理顺序

B）为了对表进行实体完整性约束

C）加快数据库表的更新速度

D）加快数据库表的查询速度

(79) 下列关于索引的说法不正确的是_____。

A）Visual FoxPro 中的索引分为主索引、候选索引、唯一索引和普通索引

B）在 Visual FoxPro 中建立索引的命令是 INDEX

C）指定当前索引的命令为 SET ORDER TO <索引标识>

D）如果要删除全部索引应使用 DELETE FILE 命令

(80) 执行命令"INDEX on 姓名 TAG index_name"建立索引后，下列叙述错误的是_____。

A）此命令建立的索引是当前有效索引

B）此命令所建立的索引将保存在.idx 文件中

C）表中记录按索引表达式升序排序

D）此命令的索引表达式是"姓名"，索引名是"index_name"

(81) 下面关于唯一索引的说法，正确的是_____。

A）唯一索引与字段值的唯一性有关

B）唯一性是指索引项的唯一性

C）主索引也是唯一索引

D）在使用相应的索引时，重复的索引字段值可以同时出现在索引项中

(82) 允许出现重复字段值的索引是_____。

A）候选索引和主索引   B）普通索引和唯一索引

C）候选索引和唯一索引   D）普通索引和候选索引

(83) 已知工资表文件中含有日期型的出生日期字段，当按出生日期字段降序索引，并执行 GO TOP 命令后，当前记录是_____。

A）1 号记录   B）记录号最大的记录

C）年龄最小的记录   D）年龄最大的记录

(84) 假设在 3、4、5 号工作区上分别打开了表文件 FILE1、FILE2 和 FILE3。当前工作区为 3 号，若要以人机交互方式向 FILE2.DBF 追加记录，同时保持表文件的打开状态不变，应当使用下列命令序列_____。

A）GO FILE2   B）SELECT 5

              APPEND BLANK

C）USE FILE2   D）SELECT 4

 APPEND   APPEND

(85) 执行下列一组命令后，选择"职工"表所在工作区的错误命令是_____。

```
CLOSE ALL
USE 仓库 IN 0
USE 职工 IN 0
```

A) SELECT 职工   B) SELECT B

C) SELECT 2   D) SELECT 0

（86）学生数据库中有学号、姓名、年龄、出生日期、出生地等字段，要想显示 1978 年出生的学生的姓名、学号、出生地等信息，使用的命令语句是_____。

  A) LIST 姓名,学号,出生地 FOR 出生日期＝1978

  B) LIST 姓名,学号,出生地 FOR 出生日期＝"1978"

  C) LIST 姓名,学号,出生地 FOR YEAR(出生日期)＝1978

  D) LIST 姓名,学号,出生地 FOR YEAR("出生日期")＝1978

（87）设某一图书库文件中有日期型字段"出版日期"，如果要彻底删除所有 1950 年以前出版的图书记录，应使用命令_____。

  A) USE 图书

    DELETE ALL FOR YEAR(出版日期)＜1950

  B) USE 图书

    DELETE ALL FOR 出版日期＜CTOD(01/01/50)

  C) USE 图书

    DELETE ALL FOR 出版日期＜DTOC(01/01/50)

  D) USE 图书

    DELETE ALL FOR YEAR(出版日期)＜'1950'

（88）在命令窗口中输入 CREATE DATABASE AA,将_____。

  A) 在系统默认位置建立一个名称为 AA 的数据库

  B) 在磁盘任意位置建立一个名称为 AA 的数据库

  C) 建立一个名称为 AA 的数据库表

  D) 建立一个名称为 AA 的自由表

（89）若用 MODIFY STRUCTURE 命令把数据库文件中"爱好"字段的宽度由 30 改为 20,不再做其他修改,则"爱好"字段的数据_____。

  A) 只保留了前 20 个字符

  B) 仍保持 30 个字符

  C) 凡字段值超过 20 个字符的整个字段被删空

  D) 全部丢失

（90）关于命令 APPEND BLANK 和 APPEND,下列叙述中正确的是_____。

  A) APPEND 执行一次只能向当前表追加一条记录

  B) APPEND BLANK 执行一次只能向当前表追加一条空记录

  C) 执行一次均可以交互方式向当前表追加若干条记录

  D) 执行一次均可向当前表追加若干条空记录

（91）对当前表执行命令"LIST 姓名,职称 FOR 年龄 ＜ 45 AND 职称＝"中级会计师""的结果是_____。

  A) 显示所有记录的姓名和职称

  B) 显示所有年龄在 45 岁以下的中级会计师的记录

C) 显示所有年龄在 45 岁以下的记录的姓名和职称

D) 显示所有年龄在 45 岁以下的中级会计师的姓名和职称

(92) 当前表有 20 条记录,执行下列程序后,显示结果是_____。

```
GO 10
SKIP - 3
?RECNO()
```

A) 23   B) 17   C) 13   D) 7

(93) 要使用数组数据更新当前表的当前记录,应使用命令_____。

　　A) SCATTER TO<数组名>   B) DIMENSION<数组名>

　　C) APPEND FROM<数组名>   D) GATHER FROM<数组名>

(94) 下列属于数据库文件管理的文件是_____。

　　A) 数据库　　　　·B) 自由表　　　　C) 数据库表　　　　D) 查询文件

(95) 一个数据库表可以同时存在于_____。

　　A) 任意个数据库   B) 多个数据库

　　C) 两个数据库   D) 一个数据库

(96) 把不属于任何数据库的自由表添加入某个数据库中,以下添加方法错误的是_____。

　　A) 在数据库设计器窗口中添加

　　B) 在项目管理器中添加表

　　C) 使用 ADD TABLE 命令添加

　　D) 使用 ADD <表文件名> 命令添加

(97) 下列方法中,无法从数据库中移去表的是_____。

　　A) 在数据库设计器窗口中移去表　　B) 在项目管理器中移去表

　　C) 使用 REMOVE<表文件名>　　D) 使用 REMOVE TABLE 命令移去表

(98) 一数据库名为 student,要想打开该数据库,应使用命令_____。

　　A) OPEN student   B) OPEN DATA student

　　C) USE DATA student   D) USE student

(99) 修改数据库使用的命令是_____。

　　A) MODIFY DATABASE   B) UPDATA DATABASE

　　C) MODIFY TABLE   D) UPDATA TABLE

(100) 在 Visual FoxPro 中,创建一个名为 SDB. DBC 的数据库文件,使用的命令是_____。

　　A) CREATE   B) CREAE SDB

　　C) CREATE TABLE SDB   D) CREATE DATABASE SDB

(101) 要控制两个表中数据的完整性和一致性可以设置"参照完整性",要求这两个表是_____。

　　A) 两个自由表

　　B) 不同数据库中的两个表

C) 一个是数据库表另一个是自由表

D) 同一个数据库中的两个表

(102) 关于数据库表之间的永久关系,下列说法正确的是_____。

A) 当数据库关闭时永久关系即永远消失

B) 数据库表之间的永久关系只能建立一次

C) 永久关系不能修改

D) 永久关系不会因数据库的关闭而消失

(103) 在数据库中,具有永久关系的表之间可设置的参照完整性规则有_____。

A) 删除规则、追加规则和更新规则

B) 编辑规则、更新规则和删除规则

C) 追加规则、插入规则和更新规则

D) 插入规则、删除规则和更新规则

(104) 在数据库中,若为两个表创建一对多的永久关系,则父表和子表相应字段所建立的索引类型可分别为_____。

A) 主索引和普通索引　　　　　　　B) 唯一索引和普通索引

C) 主索引和候选索引　　　　　　　D) 主索引和唯一索引

(105) Visual FoxPro 的"参照完整性"中"插入规则"包括的选择是_____。

A) 级联和忽略　　　　　　　　　　B) 级联和删除

C) 级联和限制　　　　　　　　　　D) 限制和忽略

(106) 要建立两个表之间的关联,条件是_____。

A) 两个表都必须是已经排好序的

B) 被关联的表必须进行排序

C) 不需要建立索引

D) 相关联的表必须建立正确的索引

(107) 在 Visual FoxPro 中,如果在表之间的关联中设置了参照完整性规则,并在删除规则中选择了"限制",则当删除父表中的记录时,系统反应是_____。

A) 不做参照完整性检查

B) 不准删除父表中的记录

C) 自动删除子表中所有相关记录

D) 若子表中有相关记录,则禁止删除父表中记录

(108) 在 Visual FoxPro 中设置参照完整性时,要设置成当更改父表中的主关键字时,子表中相对应的记录都自动更改,则应选择_____。

A) 忽略　　　　B) 限制和级联　　　　C) 级联　　　　　　D) 忽略和级联

(109) 如果指定参照完整性的删除规则为"级联",则当删除父表中的记录时_____。

A) 系统自动备份父表中被删除记录到一个新表中

B) 若子表中有相关记录,则禁止删除父表中记录

C) 会自动删除子表中所有相关记录

D) 不作参照完整性检查,删除父表记录与子表无关

(110) 在设置参照完整性时,若设置成不做参照完整性检验,可以随意更新父表记录的连接字段值,则应使用_____。

A) 级联   B) 限制   C) 忽略   D) 级联和忽略

(111) 数据库表的字段可以定义默认值,默认值可以是_____。

A) 逻辑表达式   B) 字符表达式

C) 数值表达式   D) 前三种都可能

(112) 使数据库表变为自由表的命令是_____。

A) DROP TABLE   B) REMOVE TABLE

C) FREE TABLE   D) RELEASE TABLE

(113) 在 Visual FoxPro 中,关于自由表叙述正确的是_____。

A) 自由表和数据库表是完全相同的

B) 自由表不能建立字段级规则和约束

C) 自由表不能建立候选索引

D) 自由表不可以加入到数据库中

(114) 下列关于自由表的说法,正确的是_____。

A) 自由表是属于任何数据库的表

B) 打开数据库时创建的表是自由表

C) 自由表是独立的表,不可以将其添加到数据库中

D) 可以将数据库中的表移出数据库,使之成为自由表

(115) 下面关于自由表的描述,不正确的是_____。

A) 所谓自由表就是那些不属于任何数据库的表

B) 打开数据库后才可以建立自由表

C) 自由表是以独立的文件来存储的

D) 自由表可以添加到数据库中,数据库表也可以从数据库中移出成为自由表

(116) 设置参照完整性规则的目的是_____。

A) 不允许插入

B) 不允许更新

C) 不允许删除

D) 控制数据的一致性,保持已定义的表间关系

(117) 有关参照完整性的删除规则,正确的描述是_____。

A) 如果删除规则选择的是"级联",则当用户删除父表中的记录时,系统将禁止删除与子表相关的父表中的记录

B) 如果删除规则选择的是"忽略",则当用户删除父表中的记录时,系统将不对子表作任何操作

C) 如果删除规则选择的是"限制",则当用户删除父表中的记录时,系统将自动删除子表中的所有相关记录

D) 上面三种说法都不对

(118) 在 Visual FoxPro 中以下叙述错误的是_____。

　A) 关系也被称作表

　B) 数据库文件不存储用户数据

　C) 表文件的扩展名是.dbf

　D) 多个表存储在一个物理文件中

(119) 在 Visual FoxPro 中,下列关于表的叙述正确的是_____。

　A) 在数据库表和自由表中,都能给字段定义有效性规则和默认值

　B) 在自由表中,能给表中的字段定义有效性规则和默认值

　C) 在数据库表中,能给表中的字段定义有效性规则和默认值

　D) 在数据库表和自由表中,都不能给字段定义有效性规则和默认值

(120) 下列不属于参照完整性规则的是_____。

　A) 插入规则　　　B) 更新规则　　　C) 修改规则　　　D) 删除规则

(121) 计算表文件数值型字段之和的命令是_____。

　A) AVERAGE　　B) COUNT　　　C) RECCOUNT　　D) SUM

(122) 设表文件 sp. dbf 中有 13 条记录,顺序执行如下命令,结果是在 sp. dbf 文件的_____。

```
USE sp.dbf
LIST ALL
APPENG BLANK
```

　A) 第一条记录的位置添加了一个空白记录

　B) 第二条记录的位置添加了一个空白记录

　C) 文件尾部添加了一个空白记录

　D) 不确定的位置添加了一个空白记录

(123) 当前表文件中有 8 条记录,当前记录号是 2。执行命令 LIST REST 以后,当前记录号是_____。

　A) 1　　　　　　B) 2　　　　　　C) 8　　　　　　D) 9

(124) 在 Visual FoxPro 中,建立数据库表时,将年龄字段值限制在 12～40 岁的这种约束属于_____。

　A) 实体完整性约束　　　　　　B) 域完整性约束

　C) 参照完整性约束　　　　　　D) 视图完整性约束

(125) 要想逐条显示当前表中的所有记录,可以根据_____函数值来判断是否已经显示完毕。

　A) ATC()　　　B) COL()　　　C) AT()　　　D) EOF()

(126) 在 Visual FoxPro 中,使用 LOCATE FOR<expl>命令按条件查找记录,当查找到满足条件的第一条记录后,要查找下一条满足条件的记录,应使用_____。

　A) 再次使用 LOCATE FOR <expl> 命令

　B) SKIP 命令

C) CONTINUE 命令

D) GO 命令

(127) 显示学生成绩表平均分超过85分和平均分不及格(60分及格)的男同学的信息,所使用的命令是_____

A) LIST FOR 性别＝"男",平均分＞＝85,平均分＜60

B) LIST FOR 性别＝"男",平均分＞85,平均分＜60

C) LIST FOR 性别＝"男" AND 平均分＞85 AND 平均分＜60

D) LIST FOR 性别＝"男" AND (平均分＞85 OR 平均分＜60)

(128) 打开职工表,计算表中所有职工的平均工资的命令是_____。

A) USE 职工　　　　　　　　　　B) USE 职工

　　SUM ALL 工资 TO m　　　　　　AVERAGE ALL 工资 TO m

C) USE 职工　　　　　　　　　　D) USE 职工

　　TOTAL ALL ON 工资 TO m　　　COUNT ALL FOR 工资 TO m

(129) 当前表文件"职工.DBF"中的"婚否"字段是逻辑型,逻辑真表示已婚,逻辑假表示未婚,要逻辑删除所有未婚职工的记录,应使用的命令是_____。

A) DELETE FOR NOT 婚否　　　　B) DELETE FOR NOT "婚否"

C) DELETE FOR 婚否＝"未婚"　　　D) DELETE FOR 婚否＝"F "

(130) 数据库文件有30条记录,当前记录号是15,使用 APPEND BLANK 命令增加一条空记录,该空记录的序号是。

A) 14　　　　　　B) 15　　　　　　C) 16　　　　　　D) 31

(131) 下列命令当中,省略范围和条件子句时,默认操作对象为当前记录的是_____。

A) AVERAGE　　B) COPY TO　　C) REPLACE　　D) SUM

(132) 下列命令当中,省略范围和条件子句时,默认操作对象为全部记录的是_____。

A) COUNT　　　B) DELETE　　　C) DISPLAY　　　D) RECALL

(133) 可以为字段设置 NULL(空)值的表是_____。

A) 自由表　　　　　　　　　　　B) 数据库表

C) 自由表和数据库表　　　　　　D) 都不可以

(134) 下列命令当中,省略范围和条件子句时,默认操作对象为当前记录的是_____。

A) AVERAGE　　B) COPY TO　　C) DELETE　　D) TOTAL

(135) 下列命令当中,省略范围和条件子句时,默认操作对象为全部记录的是_____。

A) DISPLAY　　B) RECALL　　　C) REPLACE　　D) SUM

(136) 数据库表字段级规则的作用是_____。

A) 检验字段定义的正确性

B) 检验字段数据输入的正确性

C) 检验字段是否为主索引关键字

D) 结合其他字段值检验字段输入数据的正确性

(137) 数据库表字段级规则的激活时机是_____。

A) 在记录级规则之前　　　　　　B) 在记录级规则之后

C) 在记录级规则和触发器之间　　D) 在触发器之后

(138) 使用 BROWSE 命令浏览表时，若只允许用户修改其中某一字段的值，其余字段均不允许修改，则应使用的子句是_____。

A) FREEZE　　　　B) KEY　　　　C) LOCK　　　　D) NAME

(139) BROWSE 命令中 NOMODIFY 子句的作用是_____。

A) 不允许修改表中数据，但可以追加和删除记录

B) 不允许修改表中数据，不允许追加记录，但允许删除记录

C) 不允许修改表中数据，不允许删除记录，但允许追加记录

D) 不允许修改表中数据，不允许追加和删除记录

(140) 使用 BROWSE 命令浏览表时，若锁定左边两列在浏览窗口中，则应使用的子句是_____。

A) FREEZE　　　　B) KEY　　　　C) LOCK　　　　D) NAME

2. 填空题

(1) 在 Visual FoxPro 中，最多同时允许打开_____个数据库表和自由表。

(2) 在 Visual FoxPro 中数据库文件的扩展名是_____，数据库表文件的扩展名是_____。

(3) 可以在项目管理器的_____选项卡下建立命令文件。

(4) 创建数据库的命令是_____ DATABASE。

(5) 数据工作期是一个用于_____的交互操作窗口。

(6) 在选择工作区的 SELECT 命令中，既可以使用别名，又可以使用_____，选定的工作区称为_____。

(7) 向数据库中添加的表应该是目前不属于_____的表。

(8) 在 Visual FoxPro 中，一个表只能属于_____个数据库。

(9) 数据库表的触发器有三种，即_____、_____和_____触发器。

(10) "插入"触发器用于指定一个规则，每次向表中插入或追加记录时触发该规则，检查新输入的记录_____。

(11) 为了确保相关表之间数据的一致性，需要设置_____规则。

(12) 在定义数据表字段间的有效性规则时，规则表达式的类型应是_____型。

(13) 参照完整性中的"插入规则"选项卡用于指定在_____中插入新的记录，或更新一个已存在的记录时所用的规则。

(14) 主索引或候选索引的关键字的值必须是_____的，一个数据库表可以建立_____个主索引和_____个候选索引。

(15) 数据库表之间的一对多关系是通过主表的_____索引和子表的_____索

引实现的。

(16) 数据库表之间的关联关系有_____关系和_____关系。关系类型取决于_____的索引类型。

(17) Visual FoxPro 中数据库文件的扩展名(后缀)是_____。

(18) 在 Visual FoxPro 中,数据库表中不允许有重复记录是通过指定_____来实现的。

(19) 在 Visual FoxPro 中,数据库表中的通用型字段的内容将存储在_____文件中。

(20) 在 Visual FoxPro 中所谓自由表就是那些不属于任何_____的表。

(21) 不带条件的 DELETE 命令(非 SQL 命令)将删除指定表的_____记录。

(22) 在 Visual FoxPro 中,使用 LOCATE ALL 命令按条件对表中的记录进行查找,若查不到记录,函数 EOF()的返回值应是_____。

(23) 在基本表中,要求字段名_____重复。

(24) 在 Visual FoxPro 中,在当前打开的表中物理删除带有删除标记记录的命令是_____。

(25) 在 Visual FoxPro 中修改表结构的非 SQL 命令是_____。

(26) 每个数据库表可以建立多个索引,但是_____索引只能建立 1 个。

(27) LEFT("12345.6789",LEN("子串"))的计算结果是_____。

(28) 人员基本信息一般包括:身份证号,姓名,性别,年龄等。其中可以作为主关键字的是_____。

(29) 在关系操作中,从表中取出满足条件的元组的操作称为_____。

(30) 在 Visual FoxPro 中,表示时间 2009 年 3 月 3 日的常量应写为_____。

(31) 在 Visual FoxPro 中的"参照完整性"中,"插入规则"包括的选择是"限制"和_____。

(32) 在 Visual FoxPro 中,可以在表设计器中为字段设置默认值的表是_____。

(33) 在定义字段有效性规则时,在规则框中输入的表达式类型是_____。

(34) 在 Visual FoxPro 中,主索引可以保证数据的_____完整性。

3. 思考题

(1) 如何用菜单方式设置默认路径?

(2) 如何设置参照完整性?

(3) 如何用 SQL 命令建立表结构?

(4) 表记录的顺序有哪几种?

(5) 索引有哪些类型? 各种类型的功能有哪些?

(6) 数据库表之间的关联有哪些?

(7) 怎样对数据库表的字段级和记录级进行设置?

(8) 在表设计器中的"表"选项卡上有哪些触发器,分别用于指定记录的什么规则?

习题 5

1. 单选题

（1）如果想在屏幕上直接看到查询结果，在查询设计器中，"查询去向"应选择_____。

    A）屏幕或浏览   B）浏览或视图   C）视图或临时表   D）屏幕或视图

（2）以下关于查询的描述正确的是_____。

    A）查询保存在查询文件中   B）查询保存在数据库文件中

    C）查询保存在表文件中   D）查询保存在项目文件中

（3）在 Visual FoxPro 的查询设计器中"筛选"选项卡对应的 SQL 短语是_____。

    A）SET   B）JOIN   C）WHERE   D）ORDER BY

（4）以下关于查询描述正确的是_____。

    A）不能根据自由表建立查询   B）只能根据自由表建立查询

    C）可以根据数据库表建立查询   D）以上都不对

（5）在 Visual FoxPro 中，要运行查询文件 query1.qpr，可以使用命令_____。

    A）DO query1   B）DO QUERY query1

    C）DO query1.qpr   D）RUN query1

（6）在视图设计器中有，而在查询设计器中没有的选项卡是_____。

    A）排序依据   B）更新条件   C）分组依据   D）杂项

（7）有关查询设计器，正确的描述是_____。

    A）"排序依据"选项卡与 SQL 语句的 ORDER BY 短语对应

    B）"筛选"选项卡与 SQL 语句的 HAVING 短语对应

    C）"联接"选项卡与 SQL 语句的 GROUP BY 短语对应

    D）"分组依据"选项卡与 SQL 语句的 JOIN ON 短语对应

（8）以下关于视图的描述正确的是_____。

    A）视图保存在项目文件中   B）视图保存在视图文件中

    C）视图保存在表文件中   D）视图保存在数据库中

（9）下面关于视图的叙述正确的是_____。

    A）视图是可更新的   B）视图中真正含有数据

    C）视图是从数据库中派生出来的   D）视图是独立的文件

（10）使用 SQL 语句增加字段的_____，是为了能保证数据的域完整性。

    A）实体完整性   B）表完整性

    C）参照完整性   D）有效性规则

（11）学生表中有"学号"、"姓名"和"年龄"三个字段，SQL 语句"SELECT 学号 FROM 学生"完成的操作称为_____。

    A）选择   B）投影   C）连接   D）并

(12) 在使用查询设计器创建查询时,为了指定在查询结果中是否包含重复记录(对应于 DISTINCT),应该使用的选项卡是_____。

    A) 排序依据   B) 联接   C) 筛选   D) 杂项

(13) 在 SQL SELECT 语句中,为了将查询结果存储到临时表,应该使用短语_____。

    A) TO CURSOR   B) INTO CURSOR

    C) INTO DBF   D) TO DBF

(14) 在 SQL 的 ALTER TABLE 语句中,为了增加一个新的字段应该使用短语_____。

    A) CREATE   B) APPEND   C) COLUMN   D) ADD

(15) 在 Visual FoxPro 中,下列关于删除记录的描述中正确的是_____。

    A) SQL 的 DELETE 命令在删除数据库表中的记录之前,不需要用 USE 命令打开表

    B) SQL 的 DELETE 命令和传统 Visual FoxPro 的 DELETE 命令在删除数据库表中的记录之前,都需要用 USE 命令打开表

    C) SQL 的 DELETE 命令可以物理地删除数据库表中的记录,而传统 Visual FoxPro 的 DELETE 命令只能逻辑删除数据库表中的记录

    D) 传统 Visual FoxPro 的 DELETE 命令在删除数据库表中的记录之前不需要用 USE 命令打开表

(16) 在 Visual FoxPro 中,下列关于查询和视图的描述中正确的是_____。

    A) 查询是一个预先定义好的 SQL SELECT 语句文件

    B) 视图是一个预先定义好的 SQL SELECT 语句文件

    C) 查询和视图是同一种文件,只是名称不同

    D) 查询和视图都是一个存储数据的表

(17) 在 Visual FoxPro 中,下列关于视图描述中错误的是_____。

    A) 通过视图可以对表进行查询

    B) 通过视图可以对表进行更新

    C) 视图是一个虚表

    D) 视图就是一种查询

(18) 在 SQL 的 SELECT 查询结果中,消除重复记录的方法是_____。

    A) 通过指定主关键字   B) 通过指定唯一索引

    C) 使用 DISTINCT 子句   D) 使用 HAVING 子句

(19) 在 Visual FoxPro 中,以下关于 SQL 的 SELECT 语句的描述中错误的是_____。

    A) SELECT 子句中可以包含表中的列和表达式

    B) SELECT 子句中可以使用别名

    C) SELECT 子句规定了结果集中的列顺序

    D) SELECT 子句中列的顺序应该与表中列的顺序一致

(20) 可以运行查询文件的命令是_____。

A) DO   B) BROWSE

C) DO QUERY   D) CREATE QUERY

(21) SQL 语句中删除视图的命令是_____。

A) DROP TABLE   B) DROP VIEW

C) ERASE TABLE   D) ERASE VIEW

(22) 在查询设计器环境中,"查询"菜单下的"查询去向"命令指定了查询结果的输出去向,输出去向不包括_____。

A) 临时表   B) 表   C) 文本文件   D) 屏幕

(23) 以纯文本形式保存设计结果的设计器是_____。

A) 查询设计器   B) 表单设计器

C) 菜单设计器   D) 以上三种都不是

(24) 下列关于视图的描述中正确的是_____。

A) 视图保存在项目文件中   B) 视图保存在数据库文件中

C) 视图保存在表文件中   D) 视图保存在视图文件中

(25) SQL 语句中修改表结构的命令是_____。

A) ALTER TABLE   B) MODIFY TABLE

C) ALTER STRUCTURE   D) MODIFY STRUCTURE

(26) 在 SQL SELECT 语句的 ORDER BY 短语中如果指定了多个字段,则_____。

A) 无法进行排序   B) 只按第一个字段排序

C) 按从左至右依次排序   D) 按字段排序优先级依次排序

(27) SQL 的 SELECT 语句中,"HAVING＜条件表达式＞"用来筛选满足条件的_____。

A) 列   B) 行   C) 关系   D) 分组

(28) 在 SELECT 语句中,下列关于 HAVING 短语的描述中正确的是_____。

A) HAVING 短语必须与 GROUP BY 短语同时使用

B) 使用 HAVING 短语的同时不能使用 WHERE 短语

C) HAVING 短语可以在任意的一个位置出现

D) HAVING 短语与 WHERE 短语功能相同

(29) 以下关于"视图"的正确描述是_____。

A) 视图独立于表文件   B) 视图不可更新

C) 视图只能从一个表派生出来   D) 视图可以删除

(30) 在 SQL SELECT 查询中,为了使查询结果排序应该使用短语_____。

A) ASC   B) DESC   C) GROUP BY   D) ORDER BY

(31) 在 SQL SELECT 语句中与 INTO TABLE 等价的短语是_____。

A) INTO DBF   B) TO TABLE

C) INTO FORM   D) INTO FILE

(32) 修改本地视图使用的命令是_____。

    A) CREATE VIEW   B) DELETE

    C) RENAME VIEW   D) MODIFY VIEW

(33) 下面有关视图的描述正确的是_____。

    A) 可以使用 MODIFY STRUCTURE 命令修改视图的结构

    B) 使用 SQL 对视图进行查询时必须事先打开该视图所在的数据库

    C) 视图是对表的复制产生的

    D) 视图不能删除,否则影响原来的数据文件

(34) 下列关于视图的正确叙述是_____。

    A) 视图与数据库表相同,用来存储数据

    B) 视图是从一个或多个数据库表导出的虚拟表

    C) 在视图上不能进行更新操作

    D) 视图不能同数据库表进行连接操作

(35) 查询设计器的筛选选项卡用来指定查询的_____。

    A) 连接条件   B) 分组字段

    C) 排序字段和排序方式   D) 查询条件

(36) 关于查询和视图,下列叙述错误的是_____。

    A) 查询和视图都可以修改源数据

    B) 从普通检索数据的角度来讲,查询和视图基本具有相同的作用

    C) 他们都是根据基本表定义的

    D) 查询不可以修改源数据,而视图可以

(37) SELECT-SQL 语句是_____。

    A) 面向对象的结构化查询语言   B) 数据统计语句

    C) 面向程序的程序设计语言   D) 数据修改语句

(38) 下列关于 SQL 子查询的叙述中,正确的是_____。

    A) 子查询只能在 WHERE 子句中使用

    B) 子查询只能在 HAVING 子句中使用

    C) 在 WHERE 子句和 HAVING 子句中都可以使用子查询

    D) 当 WHERE 子句未省略时,可以在 HAVING 子句中使用子查询

(39) 默认查询的输出形式是_____。

    A) 数据表   B) 图形   C) 报表   D) 浏览

(40) 在"添加表和视图"窗口,"其他"按钮的作用是让用户选择_____。

    A) 数据库表   B) 视图

    C) 不属于数据库的表   D) 查询

(41) 关于 SQL-INSERT 语句描述正确的是_____。

    A) 可以向表中插入若干条记录

    B) 在表中任何位置插入一条记录

    C) 在表尾插入一条记录

D) 在表头插入一条记录

(42) SQL 中可使用的通配符有_____。

    A) ＊(星号)   B) ％(百分号)   C) _(下划线)   D) B 和 C

(43) SQL 是哪几个英文单词的缩写_____。

    A) Standard Query Language   B) Structured Query Language

    C) Select Query Language   D) 以上都不是

(44) 下列关于 SELECT 短语的描述中错误的是_____。

    A) SELECT 短语中可以使用别名

    B) SELECT 短语中只能包含表中的列及其构成的表达式

    C) SELECT 短语规定了结果集中的列顺序

    D) 如果 FROM 短语引用的两个表有同名的列,则 SELECT 短语引用它们时必须使用表名前缀加以限定

(45) 在 SQL 语句中,与表达式"年龄 BETWEEN 12 AND 46"功能相同的表达式是_____。

    A) 年龄＞＝12OR＜＝46   B) 年龄＞＝12AND＜＝46

    C) 年龄＞＝12OR 年龄＜＝4   D) 年龄＞＝12AND 年龄＜＝46

(46) 为"评分"表的"分数"字段添加有效性规则:"分数必须大于等于 0 并且小于等于 10",正确的 SQL 语句是_____。

    A) CHANGE TABLE 评分 ALTER 分数 SET CHECK 分数＞＝0 AND 分数＜＝10

    B) ALTER TABLE 评分 ALTER 分数 SET CHECK 分数＞＝0 AND 分数＜＝10

    C) ALTER TABLE 评分 ALTER 分数 CHECK 分数＞＝0 AND 分数＜＝10

    D) CHANGE TABLE 评分 ALTER 分数 SET CHECK 分数＞＝0 OR 分数＜＝10

(47) 根据"歌手"表建立视图 myview,视图中含有"歌手号"左边第一位是"1"的所有记录,正确的 SQL 语句是_____。

    A) CREATE VIEW myview AS SELECT ＊ FROM 歌手 WHERE LEFT(歌手号,1)＝"1"

    B) CREATE VIEW myview AS SELECT ＊ FROM 歌手 WHERE LIKE("1",歌手号)

    C) CREATE VIEW myview SELECT ＊ FROM 歌手 WHERE LEFT(歌手号,1)＝"1"

    D) CREATE VIEW myview SELECT ＊ FROM 歌手 WHERE LIKE("1",歌手号)

(48) 删除视图 myview 的命令是_____。

    A) DELETE myview VIEW   B) DELETE myview

    C) DROP myview VIEW   D) DROP VIEW myview

(49) 在 Visual FoxPro 中,如果要将学生表 S(学号,姓名,性别,年龄)的"年龄"属性删除,正确的 SQL 语句是_____。

A) ALTER TABLE S DROP COLUMN 年龄

B) DELETE 年龄 FROM S

C) ALTER TABLE S DELETE COLUMN 年龄

D) ALTER TABLE S DELETE 年龄

(50) 删除当前目录下的表 aaa.DBF 的命令是_____。

A) DROP TABLE aaa   B) DELETE TABLE aaa

C) DROP aaa   D) DELETE aaa

(51) 使用 SQL 语句将学生表 S 中年龄（AGE）大于 30 岁的记录删除，正确的命令是_____。

A) DELETE FOR AGE>30

B) DELETE FROM S WHERE AGE>30

C) DELETE S FOR AGE>30

D) DELETE S WHERE AGE>30

(52) 从"订单"表中删除签订日期为 2010 年 1 月 10 日之前（含）的订单记录，正确的 SQL 语句是_____。

A) DROP FROM 订单 WHERE 签订日期<={^2010-1-10}

B) DROP FROM 订单 FOR 签订日期<={^2010-1-10}

C) DELETE FROM 订单 WHERE 签订日期<={^2010-1-10}

D) DELETE FROM 订单 FOR 签订日期<={^2010-1-10}

(53) 要使"产品"表中所有产品的单价上浮 8%，正确的 SQL 语句是_____。

A) UPDATE 产品 SET 单价=单价+单价*8%FOR ALL

B) UPDATE 产品 SET 单价=单价*1.08 FOR ALL

C) UPDATE 产品 SET 单价=单价+单价*8%

D) UPDATE 产品 SET 单价=单价*1.08

(54) 使用 SQL 语句向学生表 S(SNO,SN,AGE,SEX)中添加一条新记录，字段学号（SNO）、姓名（SN）、性别（SEX）、年龄（AGE）的值分别为 0401、王芳、女、18，正确命令是_____。

A) APPEND INTO S(SNO, SN, SEX, AGE) VALUES('0401','王芳','女',18)

B) APPEND S VALUES('0401','王芳',18,'女')

C) INSERT INTO S(SNO,SN,SEX,AGE)VALUES('0401','王芳','女',18)

D) INSERT S VALUES('0401','王芳',18,'女')

(55) 设有订单表 order(其中包含字段：订单号,客户号,职员号,签订日期,金额)，删除 2002 年 1 月 1 日以前签订的订单记录，正确的 SQL 命令是_____。

A) DELETE TABLE order WHERE 签订日期<{^2002-1-1}

B) DELETE TABLE order WHILE 签订日期<{^2002-1-1}

C) DELETE FROM order WHERE 签订日期<{^2002-1-1}

D) DELETE FROM order WHILE 签订日期<{^2002-1-1}

(56) "图书"表中有字符型字段"图书号"，要求用 SQL DELETE 命令将图书号以字母 A 开头的图书记录全部打上删除标记,正确的命令是_____。

  A) DELETE FROM 图书 FOR 图书号 LIKE "A％"

  B) DELETE FROM 图书 WHILE 图书号 LIKE "A％"

  C) DELETE FROM 图书 WHERE 图书号＝"A＊"

  D) DELETE FROM 图书 WHERE 图书号 LIKE "A％"

(57) 下列命令对中等价的是_____。

  A) DROP TABLE 和 REMOVE TABLE DELETE

  B) DROP TABLE 和 REMOVE TABLE

  C) DROP TABLE DELETE 和 REMOVE TABLE DELETE

  D) DROP TABLE DELETE 和 REMOVE TABLE

(58) 若要使命令执行后被操作的表仍可被其他数据库使用,应使用的命令是_____。

  A) DROP TABLE   B) DROP TABLE DELETE

  C) REMOVE TABLE   D) REMOVE TABLE DELETE

(59) "教师表"中有"职工号"、"姓名"和"工龄"字段,其中"职工号"为主关键字,建立"教师表"的 SQL 命令是_____。

  A) CREATE TABLE 教师表 (职工号 C(10) PRIMARY,姓名 C(20),工龄 I)

  B) CREATE TABLE 教师表 (职工号 C(10) FOREIGN,姓名 C(20),工龄 I)

  C) CREATE TABLE 教师表(职工号 C(10) FOREIGN KEY,姓名 C(20),工龄 D)

  D) CREATE TABLE 教师表(职工号 C(10) PRIMARY KEY,姓名 C(20),工龄 I)

(60) 假设有 student 表,可以正确添加字段"平均分数"的命令是_____。

  A) ALTER TABLE student ADD 平均分数 F(6,2)

  B) ALTER DBF student ADD 平均分数 F 6,2

  C) CHANGE TABLE student ADD 平均分数 F(6,2)

  D) CHANGE TABLE student INSERT 平均分数 6,2

(61) 假设执行命令 CREATE TABLE TT(AA C(6),BB I NULL,CC N(6.2),DD G)创建了表文件 TT.dbf,则该表记录的长度是_____字节。

  A) 20   B) 21   C) 22   D) 23

(62) 接上题,为表 TT 输入 5 条记录,再将记录指针指向首记录,然后顺序执行命令 DIMENSION YY(2)和 SCATTER TO YY,则数组 YY 含有_____个数组元素。

  A) 2   B) 3   C) 4   D) 5

(63) 数据库表 ST.DBF 中有字段:姓名/C) 出生日期/D) 总分/N 等,要定义一个视图含有字段:姓名、出生日期、总分,应使用的命令语句是_____。

  A) CREATE VIEW vst_std AS SELECT 姓名,出生日期,总分 FROM ST.DBF

  B) CREATE VIEW vst_std SELECT 姓名,出生日期,总分 FROM ST.DBF

  C) CREATE vst_std AS SELECT 姓名,出生日期,总分 FROM ST.DBF

  D) CREATE vst_std SELECT 姓名,出生日期,总分 FROM ST.DBF

(64) 已知歌手.dbf:歌手号 C(4),姓名 C(10)。根据"歌手"表建立视图 myview,含有"歌手号"首字符是"1"的所有记录,正确的 SQL 语句是_____。

    A) CREATE VIEW myview SELECT * FROM 歌手 WHERE LEFT(歌手号,1)="1"

    B) CREATE VIEW myview AS SELECT * FROM 歌手 WHERE LIKE("1",歌手号)

    C) CREATE VIEW myview AS SELECT * FROM 歌手 WHERE LEFT(歌手号,1)="1"

    D) CREATE VIEW myview SELECT * FROM 歌手 WHERE LIKE("1",歌手号)

(65) 将 stock 表的股票名称字段的宽度由 8 改为 10,应使用的 SQL 语句是_____。

    A) ALTER TABLE stock 股票名称 WITH c(10)

    B) ALTER TABLE stock ALTER 股票名称 c(10)

    C) ALTER stock ALTER 股票名称 c(10)

    D) ALTER TABLE stock 股票名称 c(10)

(66) 将学生表中所有学生的体育成绩都增加 20 分,应使用的命令语句是_____。

    A) ALTER 学生 SET 成绩=成绩+20 WHERE 课名="体育"

    B) APPEND 学生 SET 成绩=成绩+20 WHERE 课名="体育"

    C) INSERT 学生 SET 成绩=成绩+20 WHERE 课名="体育"

    D) UPDATE 学生 SET 成绩=成绩+20 WHERE 课名="体育"

(67) 如果用下列 SQL 语句创建一个 cus. dbf 表:

```
CREATE TABLE CUS.DBF (NAME_CUS C(6) NOT NULL, CITY_CUS C(4) NOT NULL,
BSP_CUS N(6) NOT NULL, DJ_CUS D NOT NULL);
```

那么,可以插入到 cus. dbf 中的数据是_____。

    A) '李华','北京',125000,CTOD('10/10/99')

    B) '李华','北京',1250007,10/10/99

    C) '李华','北京','125000','99/10/10'

    D) '李华','北京','1250007','99/10/10'

(68) 选择适当的语句,将下面的语句段补充完整,使其实现的功能是将学生表中名字字段的值为"王洪"的改为"王颖"。

    _____学生 SET 名字="王颖" WHERE 名字="王洪"

    A) ALTER TABLE   B) UPDATE

    C) DELETE   D) DROP

(69) 下面语句实现的功能是_____。

UPDATE 职工 SET 工资=工资+500 WHERE 工资<2000

    A) 查找职工表中的工资增加 500 元后仍小于 2000 元的职工

B) 修改职工表中的工资字段,将其字段名改为"工资+500"

C) 将"职工"表中工资少于 2000 元的职工的工资增加 500 元

D) 以上说法都不正确

(70) 已知 学生表 S.DBF:SNO C(4),SN C(6),AGE I。向该表添加一条新记录,按顺序各字段值分别为 0401、王洪颖、18,应使用的 SQL 命令是_____。

A) INSERT INTO S(SNO,SN,AGE) VALUES('0401','王洪颖',18)

B) APPEND S VALUES('0401','王洪颖',18)

C) APPEND INTO S(SNO,SN,AGE) VALUES('0401','王洪颖',18)

D) INSERT S VALUES('0401','王洪颖',18)

(71) 下面 SQL 语句实现的功能是_____。

DELETE FROM M WHERE 工资>2000

A) 从 M 表中彻底删除工资大于 2000 的记录

B) 当工资大于 2000 时删除 M 表中的工资列

C) 当工资大于 2000 时删除 M 表

D) 将 M 表中工资大于 2000 的记录加上删除标记

(72) 要使"产品"表中所有产品的单价上浮 20%,正确的 SQL 命令是_____。

A) UPDATE 产品 SET 单价=单价*1.2

B) UPDATE 产品 SET 单价=单价*1.2 FOR ALL

C) UPDATE 产品 SET 单价=单价+单价*20%

D) UPDATE 产品 SET 单价=单价+单价*20% FOR ALL

(73) 下面语句实现的功能是_____。

USE 职工
CREATE VIEW abc AS;
SELECT 姓名,职工号,车间号 FROM 职工

A) 定义一个只包含职工表中的姓名,职工号和所在车间的视图

B) 定义一个视图,从这个视图中可以查看职工表的所有信息

C) 为职工表定义一个视图

D) 以上说法都不正确

(74)~(76)题使用如下所列的表 stock.dbf。

股票代码	股票名称	单价	交易所
600600	青岛啤酒	7.48	上海
600601	方正科技	15.20	上海
600602	广电电子	10.40	上海
600603	兴业房产	12.76	上海
600604	二纺机	9.96	上海
600605	轻工机械	14.59	上海
000001	深发展	7.48	深圳
000002	深万科	12.50	深圳

(74) 执行下面语句后产生的视图包含的记录个数是_____。

CREATE VIEW stock_view AS SELECT * FROM stock WHERE 交易所="深圳"

    A) 2   B) 4   C) 6   D) 8

(75) 有如下 SQL 语句：

SELECT max(单价) FROM stock INTO TABLE MDJ

执行该语句后，表 MDJ.DBF 的记录值为_____。

    A) 10.40   B) 7.48   C) 12.76   D) 15.20

(76) 有如下 SQL 语句：

SELECT 股票代码,avg(单价) as 均价 FROM stock;
GROUP BY 交易所 INTO DBF temp

执行该语句后 temp 表中第二条记录的"均价"字段的内容是_____。

    A) 7.48   B) 9.99   C) 11.7   D) 15.20

(77) 设有订单表 order(其中包含字段：订单号,客户号,职员号,签订日期,金额)，查询 2007 年所签订单的信息，并按金额降序排序，正确的 SQL 命令是_____。

    A) SELECT * FROM order WHERE YEAR(签订日期)=2007 ORDER BY 金额 DESC

    B) SELECT * FROM order WHILE YEAR(签订日期)=2007 ORDER BY 金额 ASC

    C) SELECT * FROM order WHERE YEAR(签订日期)=2007 ORDER BY 金额 ASC

    D) SELECT * FROM order WHILE YEAR(签订日期)=2007 ORDER BY 金额 DESC

(78) 假设"订单"表中有订单号、职员号、客户号和金额字段，正确的 SQL 语句只能是_____。

    A) SELECT 职员号 FROM 订单；
      GROUP BY 职员号 HAVING COUNT(*)>3 AND AVG_金额>200

    B) SELECT 职员号 FROM 订单；
      GROUP BY 职员号 HAVING COUNT(*)>3 AND AVG(金额)>200

    C) SELECT 职员号 FROM 订单；
      GROUP BY 职员号 HAVING COUNT(*)>3 WHERE AVG(金额)>200

    D) SELECT 职员号 FROM 订单；
      GROUP BY 职员号 WHERE COUNT(*)>3 AND AVG_金额>200

(79) 假设同一名称的产品有不同的型号和产地，则计算每种产品平均单价的 SQL 语句是_____。

    A) SELECT 产品名称,AVG(单价)FROM 产品 GROUP BY 单价

    B) SELECT 产品名称,AVG(单价)FROM 产品 ORDER BY 单价

C) SELECT 产品名称,AVG(单价)FROM 产品 ORDER BY 产品名称

D) SELECT 产品名称,AVG(单价)FROM 产品 GROUP BY 产品名称

(80) 设有 S(学号,姓名,性别)和 SC(学号,课程号,成绩)两个表,用下列 SQL 语句检索选修的每门课程的成绩都高于或等于 85 分的学生的学号、姓名和性别,正确的是_____。

    A) SELECT 学号,姓名,性别 FROM s WHERE EXISTS;

      (SELECT * FROM sc WHERE sc.学号=s.学号 AND 成绩<=85)

    B) SELECT 学号,姓名,性别 FROM s WHERE NOT EXISTS;

      (SELECT * FROM sc WHERE sc.学号=s. 学号 AND 成绩<=85)

    C) SELECT 学号,姓名,性别 FROM s WHERE EXISTS;

      (SELECT * FROM sc WHERE sc.学号=s.学号 AND 成绩>85)

    D) SELECT 学号,姓名,性别 FROM s WHERE NOT EXISTS;

      (SELECT * FROM sc WHERE sc.学号=s.学号 AND 成绩<85)

(81) 假设每个歌手的"最后得分"的计算方法是:去掉一个最高分和一个最低分,取剩下分数的平均分。根据"评分"表求每个歌手的"最后得分",并存储于表 TEMP 中,表 TEMP 中有两个字段:"歌手号"和"最后得分",并且按最后得分降序排列,生成表 TEMP 的 SQL 语句是_____。

    A) SELECT 歌手号,(COUNT(分数)-MAX(分数)-MIN(分数))/(SUM(*)-2) 最后得分;

      FROM 评分 INTO DBF TEMP GROUP BY 歌手号;

      ORDER BY 最后得分 DESC

    B) SELECT 歌手号,(COUNT(分数)-MAX(分数)-MIN(分数))/(SUM(*)-2) 最后得分;

      FROM 评分 INTO DBF TEMP GROUP BY 评委号;

      ORDER BY 最后得分 DESC

    C) SELECT 歌手号,(SUM(分数)-MAX(分数)-MIN(分数))/(COUNT(*)-2) 最后得分;

      FROM 评分 INTO DBF TEMP GROUP BY 评委号;

      ORDER BY 最后得分 DESC

    D) SELECT 歌手号,(SUM(分数)-MAX(分数)-MIN(分数))/(COUNT(*)-2) 最后得分;

      FROM 评分 INTO DBF TEMP GROUP BY 歌手号;

      ORDER BY 最后得分 DESC

(82) 与"SELECT * FROM 歌手 WHERE NOT(最后得分>9.00 OR 最后得分<8.00)"等价的语句是_____。

    A) SELECT * FROM 歌手 WHERE 最后得分 BETWEEN 9.00 AND 8.00

    B) SELECT * FROM 歌手 WHERE 最后得分>=8.00 AND 最后得分<=9.00

    C) SELECT * FROM 歌手 WHERE 最后得分>9.00 OR 最后得分<8.00

D) SELECT * FROM 歌手 WHERE 最后得分<=8.00 AND 最后得分>=9.00

(83) 假设 temp. dbf 数据表中有两个字段"歌手号"和"最后得分",下面程序段的功能是：将 temp. dbf 中歌手的"最后得分"填入"歌手"表对应歌手的"最后得分"字段中(假设已增加了该字段),在下划线处应该填写的 SQL 语句是_____。

```
USE 歌手
DO WHILE .NOT. EOF()
_____
REPLACE 歌手.最后得分 WITH a[2]
SKIP
ENDDO
```

A) SELECT * FROM temp WHERE temp. 歌手号=歌手. 歌手号 TO ARRAY a

B) SELECT * FROM temp WHERE temp. 歌手号=歌手. 歌手号 INTO ARRAY a

C) SELECT * FROM temp WHERE temp. 歌手号=歌手. 歌手号 TO FILE a

D) SELECT * FROM temp WHERE temp. 歌手号=歌手. 歌手号 INTO FILE a

(84) 与下列语句等价的 SQL 语句是_____。

```
SELECT DISTINCT 歌手号 FROM 歌手 WHERE 最后得分>=ALL;
(SELECT 最后得分 FROM 歌手 WHERE SUBSTR(歌手号,1,1)="2")
```

A) SELECT DISTINCT 歌手号 FROM 歌手 WHERE 最后得分>=;
(SELECT MAX(最后得分) FROM 歌手 WHERE SUBSTR(歌手号,1, 1)="2")

B) SELECT DISTINCT 歌手号 FROM 歌手 WHERE 最后得分>=;
(SELECT MIN(最后得分) FROM 歌手 WHERE SUBSTR(歌手号,1,1)="2")

C) SELECT DISTINCT 歌手号 FROM 歌手 WHERE 最后得分>=ANY;
(SELECT 最后得分 FROM 歌手 WHERE SUBSTR(歌手号,1,1)="2")

D) SELECT DISTINCT 歌手号 FROM 歌手 WHERE 最后得分>=SOME;
(SELECT 最后得分 FROM 歌手 WHERE SUBSTR(歌手号,1,1)="2")

(85) 设有关系 SC(SNO,CNO,GRADE),其中,SNO、CNO 分别表示学号和课程号(两者均为字符型),GRADE 表示成绩(数值型),若要把学号为"S101"的同学,选修课程号为"C11",成绩为 98 分的记录插入到表 SC 中,正确的语句是_____。

A) INSERT INTO SC(SNO,CNO,GRADE) VALUES('S101','C11','98')

B) INSERT INTO SC(SNO,CNO,GRADE) VALUES(S101,C11,98)

C) INSERT ('S101','C11','98') INTO SC

D) INSERT INTO SC VALUES('S101','C11',98)

(86) 设有学生表 S(学号,姓名,性别,年龄),查询所有年龄小于等于 18 岁的女同学,并按年龄进行降序排序,生成新的表 WS,正确的 SQL 语句是_____。

A) SELECT * FROM S;
WHERE 性别='女' AND 年龄<=18 ORDER BY 4 DESC INTO TABLE WS

B) SELECT * FROM S;

WHERE 性别='女' AND 年龄<=18 ORDER BY 年龄 INTO TABLE WS

C) SELECT * FROM S;

WHERE 性别='女' AND 年龄<=18 ORDER BY '年龄' DESC INTO
TABLE WS

D) SELECT * FROM S;

WHERE 性别='女' OR 年龄<=18 ORDER BY '年龄' ASC INTO TABLE WS

(87) 设有学生选课表 SC(学号,课程号,成绩),用 SQL 同时检索选修课程号为"C1"
和"C5"的学生学号的正确命令是_____。

A) SELECT 学号 FROM SC WHERE 课程号='C1' AND 课程号='C5'

B) SELECT 学号 FROM SC WHERE 课程号='C1' AND 课程号=(SELECT
课程号 FROM SC WHERE 课程号='C5')

C) SELECT 学号 FROM SC WHERE 课程号='C1' AND 学号=(SELECT
学号 FROM SC WHERE 课程号='C5')

D) SELECT 学号 FROM SC WHERE 课程号='C1' AND 学号 IN(SELECT
学号 FROM SC WHERE 课程号='C5')

(88) 设有学生表 S(学号,姓名,性别,年龄)、课程表 C(课程号,课程名,学分)和学生
选课表 SC(学号,课程号,成绩),检索学号、姓名和学生所选课程的课程名和成绩,正确的
SQL 语句是_____。

A) SELECT 学号,姓名,课程名,成绩 FROM S,SC,C;

WHERE S. 学号=SC. 学号 AND SC. 学号=C. 学号

B) SELECT 学号,姓名,课程名,成绩;

FROM (S JOIN SC ON S. 学号=SC. 学号) JOIN C ON SC. 课程号=
C. 课程号

C) SELECT S. 学号,姓名,课程名,成绩;

FROM S JOIN SC JOIN C ON S. 学号=SC. 学号 ON SC. 课程号=C. 课程号

D) SELECT S. 学号,姓名,课程名,成绩;

FROM S JOIN SC JOIN C ON SC. 课程号=C. 课程号 ON S. 学号=SC. 学号

(89) 与"SELECT * FROM 教师表 INTO DBF A"等价的语句是_____。

A) SELECT * FROM 教师表 TO DBF A

B) SELECT * FROM 教师表 TO TABLE A

C) SELECT * FROM 教师表 INTO TABLE A

D) SELECT * FROM 教师表 INTO A

(90) 查询"教师表"的全部记录并存储于临时文件 one. dbf 中,应采用_____。

A) SELECT * FROM 教师表 INTO CURSOR one

B) SELECT * FROM 教师表 TO CURSOR one

C) SELECT * FROM 教师表 INTO CURSOR DBF one

D) SELECT * FROM 教师表 TO CURSOR DBF one

(91)"教师表"中有"职工号"、"姓名"、"工龄"和"系号"等字段,"学院表"中有"系名"和"系号"等字段,计算"计算机"系教师总数的命令是_____。

    A) SELECT COUNT(＊) FROM 教师表 INNER JOIN 学院表；

        ON 教师表.系号＝学院表.系号 WHERE 系名＝"计算机"

    B) SELECT COUNT(＊) FROM 教师表 INNER JOIN 学院表；

        ON 教师表.系号＝学院表.系号 ORDER BY 教师表.系号；

        HAVING 学院表.系名＝"计算机"

    C) SELECT SUM(＊) FROM 教师表 INNER JOIN 学院表；

        ON 教师表.系号＝学院表.系号 GROUP BY 教师表.系号；

        HAVING 学院表.系名＝"计算机"

    D) SELECT SUM(＊) FROM 教师表 INNER JOIN 学院表；

        ON 教师表.系号＝学院表.系号 ORDER BY 教师表.系号；

        HAVING 学院表.系名＝"计算机"

(92)"教师表"中有"职工号"、"姓名"、"工龄"和"系号"等字段,"学院表"中有"系名"和"系号"等字段,求教师总数最多的系的教师人数,正确的命令序列是_____。

    A) SELECT 教师表.系号,COUNT(＊) AS 人数 FROM 教师表,学院表；

        GROUP BY 教师表.系号 INTO DBF TEMP

        SELECT MAX（人数）FROM TEMP

    B) SELECT 教师表.系号,COUNT(＊) FROM 教师表,学院表；

        WHERE 教师表.系号＝学院表.系号 GROUP BY 教师表.系号 INTO

        DBF TEMP

        SELECT MAX(人数) FROM TEMP

    C) SELECT 教师表.系号,COUNT(＊) AS 人数 FROM 教师表,学院表；

        WHERE 教师表.系号＝学院表.系号 GROUP BY 教师表.系号 TO

        FILE TEMP

        SELECT MAX(人数) FROM TEMP

    D) SELECT 教师表.系号,COUNT(＊) AS 人数 FROM 教师表,学院表；

        WHERE 教师表.系号＝学院表.系号 GROUP BY 教师表.系号 INTO

        DBF TEMP

        SELECT MAX(人数) FROM TEMP

(93) 下面 SQL 语句实现的功能是_____。

```
SELECT 仓库.仓库号,城市,职工号；
FROM 仓库 RIGHT JOIN 职工 ON 仓库.仓库号=职工.仓库号
```

    A) 除显示两个表中满足条件的记录外,职工表中不满足条件的记录也将显示出来

    B) 除显示两个表中满足条件的记录外,仓库表中不满足条件的记录也将显示出来

C) 只显示仓库和职工两个表中满足条件的记录

D) 以上说法均不正确

(94) 已知职工.DBF：部门号 C(8)，职工号 C(10)，姓名 C(8)，性别 C(2)，出生日期 D。查询所有目前年龄在 35 岁以上(含 35 岁)的职工信息(姓名、性别和年龄)，正确的命令是_____。

    A) SELECT 姓名,性别,YEAR(DATE())－YEAR(出生日期) AS 年龄 FROM 职工;

       WHERE YEAR(DATE())－YEAR(出生日期)＞＝35

    B) SELECT 姓名,性别,YEAR(DATE())－YEAR(出生日期) 年龄 FROM 职工;

       WHERE YEAR(出生日期)＞35

    C) SELECT 姓名,性别,YEAR(DATE())－YEAR(出生日期) AS 年龄 FROM 职工;

       WHERE YEAR(DATE())－YEAR(出生日期)＞35

    D) SELECT 姓名,性别,年龄＝YEAR(DATE())－YEAR(出生日期) FROM 职工;

       WHERE YEAR(DATE())－YEAR(出生日期)＞35

(95) 下面语句的含义是_____。

SELECT * TOP 40 PERCENT FROM 职工 ORDER BY 工资 DESC

    A) 显示工资最高的 40％ 的职工的信息

    B) 显示工资最低的 40％ 的职工的信息

    C) 显示工资最高的 40 位职工的信息

    D) 显示工资最低的 40 位职工的信息

(96) 与下列 SQL 语句等价的语句是_____。

SELECT * FROM 教师 WHERE NOT (工资＞3000 OR 工资＜2000)

    A) SELECT * FROM 教师 WHERE 工资＜＝2000 AND 工资＞＝3000

    B) SELECT * FROM 教师 WHERE 工资＞2000 AND 工资＜3000

    C) SELECT * FROM 教师 WHERE 工资＞2000 OR 工资＜3000

    D) SELECT * FROM 教师 WHERE 工资 BETWEEN 2000 AND 3000

(97) 已知表文件课程目录.DBF：课程编号 C(4)，课程名称 C(10)，开课院系 C(8)。下列 SQL 语句的作用是_____。

SELECT 开课院系, COUNT(*) 选修课数 FROM 课程目录 GROUP BY 开课院系

    A) 查询选修各院系课的学生人数

    B) 查询各院系学生人数

    C) 查询各院系学生人数和选修课数

    D) 查询各院系开出的选修课数

(98) 已知职工.DBF:部门号 C(8),职工号 C(10),姓名 C(8),性别 C(2),出生日期 D;以及工资.DBF:职工号 C(10),基本工资 N(8,2),津贴 N(8,2),奖金 N(8,2),扣除 N(8,2)。查询职工实发工资的正确命令是_____。

    A) SELECT 姓名,(基本工资+津贴+奖金-扣除) AS 实发工资 FROM 工资

    B) SELECT 姓名,(基本工资+津贴+奖金-扣除) AS 实发工资 FROM 工资;
        WHERE 职工.职工号=工资.职工号

    C) SELECT 姓名,(基本工资+津贴+奖金-扣除) AS 实发工资;
        FROM 工资 JOIN 职工 WHERE 职工.职工号=工资.职工号

    D) SELECT 姓名,(基本工资+津贴+奖金-扣除) AS 实发工资 FROM 工资,职工 WHERE 职工.职工号=工资.职工号

(99)～(102)题使用如下两个表:

部门表.DBF:

部门号	部门名称
40	家用电器部
10	电视录摄像机部
20	电话手机部
30	计算机部

商品表.DBF:

部门号	商品号	商品名称	单价	数量	产地
40	0101	A牌电风扇	200.00	10	广东
40	0104	A牌微波炉	350.00	10	广东
40	0105	B牌微波炉	600.00	10	广东
20	1032	C牌传真机	1000.00	20	上海
40	0107	D牌微波炉_A	420.00	10	北京
20	0110	A牌电话机	200.00	50	广东
20	0112	B牌手机	2000.00	10	广东
40	0202	A牌电冰箱	3000.00	2	广东
30	1041	B牌计算机	6000.00	10	广东
30	0204	C牌计算机	10000.00	10	上海

(99) 执行下列 SQL 语句的查询结果是_____。

SELECT 部门名称 FROM 部门表 WHERE 部门号 IN;
(SELECT 部门号 FROM 商品表 WHERE 单价 BETWEEN 420 AND 1000)

    A) 家用电器部、电视录摄像机部
    B) 家用电器部、计算机部
    C) 电话手机部、电视录摄像机部
    D) 家用电器部、电话手机部

(100) 执行下列 SQL 语句的查询结果是_____。

SELECT 部门表.部门号,部门名称,SUM(单价*数量);
FROM 部门表,商品表;

WHERE 部门表.部门号=商品表.部门号;

GROUP BY 部门表.部门号

A) 各部门商品数量合计   B) 各部门商品单价合计

C) 所有商品金额合计   D) 各部门商品金额合计

(101) 执行如下 SQL 语句,查询结果的第一条记录的产地和提供商品种类数是_____。

SELECT 产地,COUNT(*) AS 提供商品种类数;

FROM 商品;

WHERE 单价>200;

GROUP BY 产地 HAVING COUNT(*)>=2;

ORDER BY 2 DESC

A) 广东,1   B) 广东,3   C) 广东,5   D) 广东,7

(102) 执行下列 SQL 语句,查询结果中第一条记录的商品号是_____。

SELECT 部门表.部门号,部门名称,商品号,商品名称,单价 FROM 部门表,商品表;

WHERE 部门表.部门号=商品表.部门号 ORDER BY 部门表.部门号 DESC

A) 0110   B) 0202   C) 0101   D) 0112

(103) 本题使用如下三个表:

部门.DBF:部门号 C(8),部门名 C(12),负责人 C(6),电话 C(16)

职工.DBF:部门号 C(8),职工号 C(10),姓名 C(8),性别 C(2),出生日期 D

工资.DBF:职工号 C(10),基本工资 N(8,2),津贴 N(8,2),奖金 N(8,2),扣除 N(8,2)

查询每个部门年龄最长者的信息,要求得到的信息包括部门名和最长者的出生日期,正确的命令是_____。

A) SELECT 部门名,MAX(出生日期) FROM 部门 JOIN 职工;

     WHERE 部门.部门号=职工.部门号 GROUP BY 部门名

B) SELECT 部门名,MAX(出生日期) FROM 部门 JOIN 职工;

     ON 部门.部门号=职工.部门号 GROUP BY 部门名

C) SELECT 部门名,MIN(出生日期) FROM 部门 JOIN 职工;

     WHERE 部门.部门号=职工.部门号 GROUP BY 部门名

D) SELECT 部门名,MIN(出生日期) FROM 部门 JOIN 职工;

     ON 部门.部门号=职工.部门号 GROUP BY 部门名

(104) 有如下两个表:

课程.DBF:课程编号 C(4),课程名称 C(10),开课院系 C(8)

学生成绩.DBF:学号 C(8),课程编号 C(4),成绩 I

统计只有 2 名以下(含 2 名)学生选修的课程情况,统计结果中的信息包括课程名称、开课院系和选修人数,并按选课人数排序。正确的命令是_____。

A) SELECT 课程名称,开课院系,COUNT(课程编号) AS 选修人数;

FROM 学生成绩,课程 WHERE 课程.课程编号＝学生成绩.课程编号；

GROUP BY 学生成绩,课程编号 HAVING COUNT(＊)<＝2；

ORDER BY COUNT(课程编号)

B) SELECT 课程名称,开课院系,COUNT(学号) AS 选修人数；

FROM 学生成绩,课程 WHERE 课程.课程编号＝学生成绩.课程编号；

GROUP BY 学生成绩,学号 HAVING COUNT(＊)<＝2；

ORDER BY COUNT(学号)

C) SELECT 课程名称,开课院系,COUNT(学号) AS 选修人数；

FROM 学生成绩,课程 HAVING COUNT(课程编号)<＝2；

GROUP BY 课程名称 ORDER BY 选修人数

D) SELECT 课程名称,开课院系,COUNT(学号) AS 选修人数；

FROM 学生成绩,课程 WHERE 课程.课程编号＝学生成绩.课程编号；

GROUP BY 课程名称 HAVING COUNT(学号)<＝2；

ORDER BY 选修人数

(105) 找出销售表中所有单价在 200 元以上的商品信息,并将其存放到数组 m 中。
应使用的语句是＿＿＿＿＿。

A) SELECT ＊ FROM 销售 INTO ARRAY m WHERE 单价＞200

B) SELECT ＊ FROM 销售 INTO DBF m WHERE 单价＞200

C) SELECT ＊ FROM 销售 INTO CURSOR m WHERE 单价＞200

D) SELECT ＊ FROM 销售 TO FILE m WHERE 单价＞200

(106) 根据下列资料和课程表,要查找所有选修了计算机课的学生的信息,正确的语
句是＿＿＿＿＿。

资料.DBF

学号	姓名	年龄	籍贯
1	王楷	23	辽宁
2	吴函	24	深圳
3	李虹	22	上海
4	刘耀	25	北京

课程.DBF

学号	课程	日期
1	计算机	10
2	外语	11
3	马哲	12
4	法律	13

A) SELECT ＊ FROM 资料；

WHERE 课程＝"计算机"

B) SELECT ＊ FROM 资料；

IN(SELECT 学号 FROM 课程 WHERE 课程＝"计算机")

C) SELECT ＊ FROM 资料；

WHERE (SELECT 学号 FROM 课程 WHERE 课程＝"计算机")

    D) SELECT * FROM 资料；

        WHERE 学号 IN(SELECT 学号 FROM 课程 WHERE 课程＝"计算机")

(107) 在命令窗口中输入下列命令,查询结果是_____。

```
SELECT MAX(年龄) FROM 资料 WHERE 籍贯="北京"
资料.DBF
```

学号	姓名	年龄	籍贯
1	王楷	23	辽宁
2	吴函	24	深圳
3	李虹	22	上海
4	刘耀	25	北京

    A) 25   B) 刘耀   C) 4   D) 出错

(108) 下面 SQL 语句实现的功能是_____。

```
SELECT * FROM 供应商 WHERE 供应商名 LIKE "%公司"
```

    A) 从供应商表中检索出所有与"公司"有关的记录

    B) 从供应商表中检索出所有供应商名为"％公司"的记录

    C) 从供应商表中检索出供应商名末尾两字为"公司"的所有记录

    D) 以上说法均不正确

(109) 有学生和课程两个表,查找那些还没有学生选修的课程的信息,应该使用的语句是_____。

    A) SELECT * FROM 课程 WHERE 课程号 IN(SELECT 课程号 FROM 学生)

    B) SELECT * FROM 课程 WHERE 课程号·NOT IN(SELECT 课程号 FROM 学生)

    C) SELECT * FROM 课程 WHERE 课程号＝(SELECT 课程号 FROM 学生)

    D) SELECT * FROM 课程 WHERE 课程号 NOT(SELECT 课程号 FROM 学生)

(110) 一个图书批销中心有两个表,book. DBF 表示图书信息,即,书名、书号、出版社三个字段;orderform. DBF 表示书籍销售信息,即,被订购书籍的书号、订购商代号、销售地三个字段。现在要查询已经被订购的书的名称和出版社,应使用的 SQL 语句是_____。

    A) SELECT 书名,出版社 FROM book；

       WHERE 书号＝(SELECT 书号 FROM orderform)

    B) SELECT 书名,出版社 FROM orderform；

       WHERE 书号 IN(SELECT 书号 FROM book)

    C) SELECT 书名,出版社 FROM book；

       WHERE 书名 IN(SELECT 书号 FROM orderform)

    D) SELECT 书名,出版社 FROM book；

       WHERE 书号 IN(SELECT 书号 FROM orderform)

（111）有一个学生表，要求先按学号进行排序，再按成绩排序后输出全部学生的信息，应使用的语句是_____。

    A）SELECT * FROM 学生 ORGER BY 学号＋成绩

    B）SELECT * FROM 学生 ORDER BY 学号 AND 成绩

    C）SELECT * FROM 学生 ORDER BY 学号 OR 成绩

    D）SELECT * FROM 学生 ORDER BY 学号,成绩

（112）根据下列仓库表和管理表，找出成品库的主管的代号，应使用的语句是_____。

仓库.DBF：

仓库号	仓库名	面积
CK1	成品	400
CK2	半成品	600

管理.DBF：

仓库号	职工号	主管
CK1	A1	M2
CK2	A3	M3
CK1	A4	M2
CK2	A2	M3

    A）SELECT 主管 FROM 仓库,管理；
       WHERE 仓库名＝成品库 AND 仓库.仓库号＝管理.仓库号

    B）SELECT 主管 FROM 仓库,管理；
       WHERE 仓库名＝"成品库" JOIN 仓库.仓库号＝管理.仓库号

    C）SELECT 主管 FROM 仓库,管理；
       WHERE 仓库名＝成品库 JOIN 仓库.仓库号＝管理.仓库号

    D）SELECT 主管 FROM 仓库,管理；
       WHERE 仓库名＝"成品库"AND 仓库.仓库号＝管理.仓库号

（113）下列 SQL 语句的功能是_____。

SELECT * FROM 销售 INTO CURSOR mmp WHERE 单价＞200 AND 产地＝"广东"

    A）查找销售表中所有单价在 200 元以上并且产地在广东的商品，并将查询结果存放到临时表 mmp 中

    B）查找销售表中所有单价在 200 元以上并且产地在广东的商品，并将查询结果存放到永久表 mmp 中

    C）查找销售表中所有单价在 200 元以上并且产地在广东的商品，并将查询结果存放到文本文件 mmp 中

    D）查找销售表中所有单价在 200 元以上并且产地在广东的商品，并将查询结果存放到数组 mmp 中

（114）～（115）使用如下两个表。

学生.DBF:

学号	姓名	年龄	出生日期	籍贯
001	王夏	23	1980-7-5	山东
002	张潘	23	1980-9-25	北京
003	刘立	24	1979-4-17	山东
004	周羽	23	1980-9-25	重庆

选课.DBF:

课号	课名	学号	辅导老师	成绩
1	数据库原理	002	王大力	80
2	操作系统	004	刘小民	95
3	C语言	001	张宇	85
4	数据结构	003	王大力	90

(114) 下列 SQL 语句的执行结果是_____。

SELECT 姓名 FROM 学生 WHERE 成绩>85

A) 刘立　周羽　　　　　　　　　B) 90　95

C) 王夏　刘立　周羽　　　　　　D) 出错信息

(115) 下列 SQL 语句的执行结果是_____。

SELECT 姓名 FROM 学生 WHERE 学号 IN(SELECT 学号 FROM 选课 WHERE 成绩>90)

A) 2　　　　　　B) 004　　　　　　C) 周羽　　　　　　D) 刘小民

(116) 已知评分.DBF:

歌手号	分数	评委号
1001	9.8	101
1001	9.6	102
1001	9.7	103
1001	9.8	104

假设每个歌手的"最后得分"的计算方法是：去掉一个最高分和一个最低分，取剩下分数的平均分。根据"评分"表求每个歌手的"最后得分"并存储于表 TEMP 中，表 TEMP 中有两个字段："歌手号"和"最后得分"，并且按最后得分降序排列，生成表 TEMP 的 SQL 语句是_____。

A) SELECT 歌手号,（COUNT（分数）－MAX（分数）－MIN（分数））/
　　　（SUM(＊)－2) AS 最后得分;
　　　FROM 评分 INTO DBF TEMP GROUP BY 歌手号 ORDER BY 最后得
　　　分 DESC

B) SELECT 歌手号,（COUNT（分数）－MAX（分数）－MIN（分数））/
　　　（SUM(＊)－2) AS 最后得分;
　　　FROM 评分 INTO DBF TEMP GROUP BY 评委号 ORDER BY 最后得
　　　分 DESC

C) SELECT 歌手号,（SUM（分数）－MAX（分数）－MIN（分数））/

（COUNT（＊）－2）AS 最后得分；

FROM 评分 INTO DBF TEMP GROUP BY 歌手号 ORDER BY 最后得分 DESC

D）SELECT 歌手号，（SUM（分数）－ MAX（分数）－ MIN（分数））/（COUNT（＊）－2）AS 最后得分；

FROM 评分 INTO DBF TEMP GROUP BY 评委号 ORDER BY 最后得分 DESC

(117) 从"成绩"表中找出没有参加考试的学生的学号，下面语句正确的是_____。

A）SELECT 学号 FROM 成绩 WHERE 成绩＝0

B）SELECT 成绩 FROM 成绩 WHERE 成绩＝0

C）SELECT 学号 FROM 成绩 WHERE 成绩 IS NULL

D）SELECT 学号 FROM 成绩 WHERE 成绩＝NULL

(118) 在如下两个表中，出生日期数据类型为日期型，学时和成绩为数值型，其他均为字符型。检索选修课程在 5 门以上（含 5 门）的学生的学号、姓名和平均成绩，并按平均成绩降序排序，正确的命令是_____。

学生表：S(学号,姓名,性别,出生日期,院系)
选课成绩表：SC(学号,课程号,成绩)

A）SELECT S.学号,姓名,平均成绩 FROM S,SC；

WHERE S.学号＝SC.学号；

GROUP BY S.学号 HAVING COUNT（＊）＞＝5；

ORDER BY 平均成绩 DESC

B）SELECT 学号,姓名,AVG(成绩) FROM S,SC；

WHERE S.学号＝SC.学号 AND COUNT（＊）＞＝5；

GROUP BY 学号；

ORDER BY 3 DESC

C）SELECT S.学号,姓名,AVG(成绩) 平均成绩 FROM S,SC；

WHERE S.学号＝SC.学号；

GROUP BY S.学号 HAVING COUNT（＊）＞＝5；

ORDER BY 平均成绩 DESC

D）SELECT S.学号,姓名,AVG(成绩) 平均成绩 FROM S,SC；

WHERE S.学号＝SC.学号 AND COUNT（＊）＞＝5；

GROUP BY S.学号；

ORDER BY 平均成绩 DESC

(119) 在 SQL 语句中，与表达式"供应商名 LIKE "％北京％""等价的表达式是_____。

A）LEFT(供应商名,4)＝"北京"　　　B）AT(供应商名,"北京")

C）供应商名 IN"％北京％"　　　　　D）"北京" $ 供应商名

(120) 在 SQL 语句中,与表达式"仓库号 NOT IN("wh1","wh2")"等价的表达式是_____。

A) 仓库号＝"wh1" AND 仓库号＝"wh2"

B) 仓库号!＝"wh1" OR 仓库号♯"wh2"

C) 仓库号!＝"wh1" AND 仓库号!＝"wh2"

D) 仓库号＜＞"wh1" OR 仓库号!＝"wh2"

(121) 选择适当的命令关键字将下列 SQL 语句补充完整,使其实现的功能为将销售表中所有单价在 200 元以上的商品打八折。

_____ 销售 SET 单价=单价－单价＊0.2 WHERE 单价>200

A) ALTER　　　B) CHANGE　　　C) APPEND　　　D) UPDATE

(122) 为"库存货物"表中增加一个货币类型的总金额字段,应使用的语句是_____。

A) ALTER TABLE 库存货物 ADD 总金额 Y

B) CHANGE TABLE 库存货物 ADD 总金额 Y

C) MODIFY TABLE 库存货物 ADD 总金额 Y

D) INPUT TABLE 库存货物 ADD 总金额 Y

(123) 已知表文件"课程目录.DBF":课程编号 C(4),课程名称 C(10),开课院系 C(8),下列 SQL 语句的作用是_____。

SELECT 开课院系,COUNT(＊) 选修课数 FROM 课程目录 GROUP BY 开课院系

A) 查询选修各院系课的学生人数

B) 查询各院系开出的选修课数

C) 查询各院系学生人数和选修课数

D) 查询各院系学生人数

(124) 已知表文件职工.DBF:职工号 C(2),管辖仓库 C(3),工资 I,记录如下列。

职工号	管辖仓库	工资
E1	WH2	1320
E3	WH1	1210
E4	WH2	1750
E6	WH3	1630
E7	WH1	1750

下列 SQL 语句执行结果含有的记录数是 _____。

SELECT 管辖仓库 DISTINCT FROM 职工

A) 1　　　　　B) 2　　　　　C) 3　　　　　D) 4

(125)～(127)题使用下列"运动员.dbf"表。

记录号	运动员号	投中2分球	投中3分球	罚球
1	1	3	4	5
2	2	2	1	3
3	3	0	0	0
4	4	5	6	7

(125) 为"运动员"表增加一个字段"得分"的 SQL 语句是_____。

A) CHANGE TABLE 运动员 ADD 得分 I

B) ALTER DATA 运动员 ADD 得分 I

C) ALTER TABLE 运动员 ADD 得分 I

D) CHANGE TABLE 运动员 INSERT 得分 I

(126) 计算每名运动员的"得分"的正确 SQL 语句是_____。

A) UPDATE 运动员 FIELD 得分＝2＊投中2分球＋3＊投中3分球＋罚球

B) UPDATE 运动员 FIELD 得分 WTTH 2＊投中2分球＋3＊投中3分球＋罚球

C) UPDATE 运动员 SET 得分 WTTH 2＊投中2分球＋3＊投中3分球＋罚球

D) UPDATE 运动员 SET 得分＝2＊投中2分球＋3＊投中3分球＋罚球

(127) 检索"投中3分球"小于等于5个的运动员中"得分"最高的运动员的"得分"，正确的 SQL 语句是_____。

A) SELECT MAX(得分)FROM 运动员 WHERE 投中3分球<=5

B) SELECT MAX(得分)FROM 运动员 WHEN 投中3分球<=5

C) SELECT 得分 MAX(得分)FROM 运动员 WHERE 投中3分球<=5

D) SELECT 得分 MAX(得分)FROM 运动员 WHEN 投中3分球<=5

(128)～(129)题使用如下三个数据库表：

学生表：S(学号,姓名,性别,出生日期,院系)

课程表：C(课程号,课程名,学时)

选课成绩表：SC(学号,课程号,成绩)

在上述表中,出生日期数据类型为日期型,学时和成绩为数值型,其他均为字符型。

(128) 用 SQL 语句查询选修的每门课程的成绩都高于或等于85分的学生的学号和姓名,正确的命令是_____。

A) SELECT 学号,姓名 FROM S WHERE NOT EXISTS；

  (SELECT ＊ FROM SC WHERE SC.学号＝S.学号 AND 成绩<85)

B) SELECT 学号,姓名 FROM S WHERE NOT EXISTS；

  (SELECT ＊ FROM SC WHERE SC.学号＝S.学号 AND 成绩>=85)

C) SELECT 学号,姓名 FROM S,SC；

  WHERE S.学号＝SC.学号 AND 成绩>=85

D) SELECT 学号,姓名 FROM S,SC；

  WHERE S.学号＝SC.学号 AND ALL 成绩>=85

(129) 用 SQL 语句检索选修课程在5门以上(含5门)的学生的学号、姓名和平均成绩,并按平均成绩降序排序,正确的命令是_____。

  A) SELECT S.学号,姓名,平均成绩 FROM S,SC;

    WHERE S.学号=SC.学号;

    GROUP BY S.学号 HAVING COUNT(*)>=5;

    ORDER BY 平均成绩 DESC

  B) SELECT 学号,姓名,AVG(成绩)FROM S,SC;

    WHERE S.学号=SC.学号 AND COUNT(*)>=5;

    GROUP BY 学号 ORDER BY 3 DESC

  C) SELECT S.学号,姓名(成绩)平均成绩 FROM S,SC;

    WHERE S.学号=SC.学号 AND COUNT(*)>=5;

    GROUP BY S.学号 ORDER BY 平均成绩 DESC

  D) SELECT S.学号,姓名,AVG(成绩)平均成绩 FROM S,SC;

    WHERE S.学号=SC.学号;

    GROUP BY S.学号 HAVING COUNT(*)>=5;

    ORDER BY 3 DESC

(130)~(135)题使用如下数据表:

学生.DBF: 学号(C,8),姓名(C,6),性别(C,2),出生日期(D)

选课.DBF: 学号(C,8),课程号(C,3),成绩(N,5,1)

(130) 查询所有1982年3月20日以后(含)出生、性别为男的学生,正确的SQL语句是_____。

  A) SELECT * FROM 学生 WHERE 出生日期>={^1982-03-20} AND 性别="男"

  B) SELECT * FROM 学生 WHERE 出生日期<={^1982-03-20} AND 性别="男"

  C) SELECT * FROM 学生 WHERE 出生日期>={^1982-03-20} OR 性别="男"

  D) SELECT * FROM 学生 WHERE 出生日期<={^1982-03-20} OR 性别="男"

(131) 计算刘明同学选修的所有课程的平均成绩,正确的SQL语句是_____。

  A) SELECT AVG(成绩) FROM 选课 WHERE 姓名="刘明"

  B) SELECT AVG(成绩) FROM 学生,选课 WHERE 姓名="刘明"

  C) SELECT AVG(成绩) FROM 学生,选课 WHERE 学生.姓名="刘明"

  D) SELECT AVG(成绩) FROM 学生,选课;

    WHERE 学生.学号=选课.学号 AND 姓名="刘明"

(132) 假定学号的第3、4位为专业代码,要计算各专业学生选修课程号为"101"课程的平均成绩,正确的SQL语句是_____。

  A) SELECT 专业 AS SUBS(学号,3,2),平均分 AS AVG(成绩) FROM 选课;

WHERE 课程号＝"101" GROUP BY 专业

  B) SELECT SUBS(学号,3,2) AS 专业,AVG(成绩) AS 平均分 FROM 选课;

  WHERE 课程号＝"101" GROUP BY 1

  C) SELECT SUBS(学号,3,2)AS 专业,AVG(成绩) AS 平均分 FROM 选课;

  WHERE 课程号＝"101" ORDER BY 专业

  D) SELECT 专业 AS SUBS(学号,3,2),平均分 AS AVG(成绩) FROM 选课;

  WHERE 课程号＝"101" ORDER BY 1

(133) 查询选修课程号为"101"的课程得分最高的同学,正确的 SQL 语句是_____。

  A) SELECT 学生.学号,姓名 FROM 学生,选课 WHERE 学生.学号＝选课.学号;

  AND 课程号＝"101" AND 成绩＞＝ALL(SELECT 成绩 FROM 选课)

  B) SELECT 学生.学号,姓名 FROM 学生,选课 WHERE 学生.学号＝选课.学号;

  AND 成绩＞＝ALL(SELECT 成绩 FROM 选课 WHERE 课程号＝"101")

  C) SELECT 学生.学号,姓名 FROM 学生,选课 WHERE 学生.学号＝选课.学号;

  AND 成绩＞＝ALL(SELECT 成绩 FROM 选课 WHERE 课程号＝"101")

  D) SELECT 学生.学号,姓名 FROM 学生,选课 WHERE 学生.学号＝选课.学号;

  AND 课程号＝"101";

  AND 成绩＞＝ALL(SELECT 成绩 FROM 选课 WHERE 课程号＝"101")

(134) 插入一条记录到"选课"表中,学号、课程号和成绩分别是"02080111"、"103"和80,正确的 SQL 语句是_____。

  A) INSERT INTO 选课 VALUES("02080111","103",80)

  B) INSERT VALUES("02080111","103",80) TO 选课(学号,课程号,成绩)

  C) INSERT VALUES("02080111","103",80) INTO 选课(学号,课程号,成绩)

  D) INSERT INTO 选课(学号,课程号,成绩) FROM VALUES("02080111","103",80)

(135) 将学号为"02080110"、课程号为"102"的选课记录的成绩改为92,正确的 SQL 语句是_____。

  A) UPDATE 选课 SET 成绩 WITH 92;

  WHERE 学号="02080110" AND 课程号 "102"

  B) UPDATE 选课 SET 成绩＝92;

  WHERE 学号="02080110" AND 课程号＝"102"

  C) UPDATE FROM 选课 SET 成绩 WITH 92;

  WHERE 学号="02080110" AND 课程号＝"102"

D) UPDATE FROM 选课 SET 成绩＝92；

WHERE 学号＝"02080110" AND 课程号＝"102"

2. 填空题

(1) 用视图的_____功能修改源数据表中的数据。

(2) 视图中的数据取自数据库中的_____或_____。

(3) 在 Visual FoxPro 中有两种视图,即_____和_____。

(4) 本地视图是基于 Visual FoxPro 的_____或其他视图建立的,远程视图是基于_____数据源建立的。

(5) 查询设计器中的"联接"选项卡,可以控制_____的选择。

(6) 查询设计器中的"字段"选项卡,可以控制_____的选择。

(7) 创建视图时,相应的数据库必须是_____状态。

(8) "查询设计器"的"筛选"选项卡用来指定查询的_____。

(9) 通过 Visual FoxPro 的视图,不仅可以查询数据库表,还可以_____数据库表。

(10) SQL 语句中,_____命令可以向表中输入记录,_____命令可以检查和查询表中的内容。

(11) 在 SQL 中,用_____命令可以修改基本表的结构,用_____命令可修改基本表中的数据。

(12) 使用 SQL-SELECT 语句时为了将查询结果存放到临时表中,应该使用_____短语。

(13) 在 SQL 中,ALTER 命令有两个选择项,_____命令用于修改字段名,_____子命令用于增加新的字段。

(14) 在 SQL 中,字符串匹配运算符用_____;通配符_____表示零个或多个字符,_____表示任何一个字符。

(15) 在 SQL-SELECT 语句中,表示条件表达式用 WHERE 子句,分组用_____子句,排序用_____子句。

(16) 在 SQL-SELECT 语句中,用_____子句消除重复出现的记录行。

(17) 在 ORDER BY 子句的选择项中,DESC 代表_____输出;省略 DESC 时,代表_____输出。

(18) 在 SQL-SELECT 语句中,定义一个区间范围的特殊运算符是_____,检查一个属性值是否属于一组值中的特殊运算符是_____。

(19) 在数据库中可以设计视图和查询,其中_____不能独立存储为文件(存储在数据库中)。

(20) 删除视图 MyView 的命令是_____。

(21) 查询设计器中的"分组依据"选项卡与 SQL 语句的_____短语对应。

(22)~(24) 题使用如下三个数据库表：

金牌榜.dbf: 国家代码 C(3),金牌数 I,银牌数 I,铜牌数 I

获奖牌情况.dbf：国家代码 C(3)，运动员名称 C(20)，项目名称 C(30)，名次 I

国家.dbf：国家代码 C(3)，国家名称 C(20)

"金牌榜"表中一个国家一条记录；"获奖牌情况"表中每个项目中的各个名次都有一条记录，名次只取前 3 名，例如：

国家代码	运动员名称	项目名称	名次
001	刘翔	男子 110 米栏	2
001	李小鹏	男子双杠	1
002	菲尔普斯	男子 200 米自由泳	1
002	菲尔普斯	男子 400 米个人混合泳	1
001	郭晶晶	女子三米板跳板	1
001	李婷/孙甜甜·	网球女子双打	1

（22）为表"金牌榜"增加一个字段"奖牌总数"，同时为该字段设置有效性规则：奖牌总数＞＝0，应使用 SQL 语句：

ALTER TABLE 金牌榜 _____ 奖牌总数 I _____ 奖牌总数>=0。

（23）使用"获奖牌情况"和"国家"两个表查询"中国"所获金牌（名次为 1）的数量，应使用 SQL 语句：

SELECT COUNT(＊) FROM 国家；
INNER JOIN 获奖牌情况 _____ 国家.国家代码=获奖牌情况.国家代码；
WHERE 国家.国家名称="中国" AND 名次=1

（24）将金牌榜.dbf 中的新增加的字段奖牌总数设置为金牌数、银牌数、铜牌数三项的和，应使用 SQL 语句：

_____ 金牌榜 _____ 奖牌总数=金牌数+银牌数+铜牌数

（25）在 SQL 的 SELECT 查询中使用 _____ 子句消除查询结果中的重复记录。

（26）在 Visual FoxPro 中，使用 SQL 的 SELECT 语句将查询结果存储在一个临时表中，应该使用 _____ 子句。

（27）在 Visual FoxPro 中，使用 SQL 的 CREATE TABLE 语句建立数据库表时，使用 _____ 子句说明主索引。

（28）在 Visual FoxPro 中，使用 SQL 的 CREATE TABLE 语句建立数据库表时，使用 _____ 子句说明有效性规则（域完整性规则或字段取值范围）。

（29）在 SQL 的 SELECT 语句进行分组计算查询时，可以使用 _____ 子句来去掉不满足条件的分组。

（30）设有 s（学号，姓名，性别）和 sc（学号，课程号，成绩）两个表，下面 SQL 的 SELECT 语句检索选修的每门课程的成绩都高于或等于 85 分的学生的学号、姓名和性别。

SELECT 学号,姓名,性别 FROM s；
WHERE _____ (SELECT ＊ FROM sc WHERE sc.学号=s.学号 AND 成绩<85)

（31）查询设计器的"排序依据"选项卡对应于 SQL SELECT 语句的_____短语。

（32）SQL 支持集合的并运算,运算符是_____。

（33）SQL SELECT 语句的功能是_____。

（34）"职工"表有工资字段,计算工资合计的 SQL 语句是:SELECT_____FROM 职工。

（35）要在"成绩"表中插入一条记录,应该使用的 SQL 语句是:

_____成绩(学号,英语,数学,语文)VALUES("2001100111",91,78,86)

（36）在 SQL SELECT 语句中为了将查询结果存储到永久表应该使用_____短语。

（37）在 SQL 语句中空值用_____表示。

（38）在 Visual FoxPro 中视图可以分为本地视图和_____视图。

（39）在 Visual FoxPro 中为了通过视图修改基本表中的数据,需要在视图设计器的_____选项卡下设置有关属性。

（40）下列命令将"产品"表的"名称"字段名修改为"产品名称":

ALTER TABLE 产品 RENAME_____名称 TO 产品名称

（41）"歌手"表中有"歌手号"、"姓名"和"最后得分"三个字段,"最后得分"越高名次越靠前,查询前 10 名歌手的 SQL 语句是:

SELECT *_____ FROM 歌手 ORDER BY 最后得分_____

（42）已有"歌手"表,将该表中的"歌手号"字段定义为候选索引,索引名是 temp,正确的 SQL 语句是:

_____ TABLE 歌手 ADD UNIQUE 歌手号 TAG temp

（43）下列命令查询雇员表中"部门号"字段为空值的记录:

SELECT * FROM 雇员 WHERE 部门号_____

（44）在 SQL 的 SELECT 查询中,HAVING 子句不可以单独使用,总是跟在_____子句之后一起使用。

（45）在 SQL 的 SELECT 查询时,使用_____子句实现消除查询结果中的重复记录。

（46）在 SQL 中,插入、删除、更新命令依次是 INSERT、DELETE 和_____。

（47）SQL 的 SELECT 语句中,使用_____子句可以消除结果中的重复记录。

（48）在 SQL 的 WHERE 子句的条件表达式中,字符串匹配(模糊查询)的运算符是_____。

（49）使用 SQL 的 CREATE TABLE 语句定义表结构时,用_____短语说明主关键字(主索引)。

（50）在 SQL 中,要查询表 s 在 AGE 字段上取空值的记录,正确的 SQL 语句为:

SELECT * FROM s WHERE _____ 。

(51) SELECT * FROM student _____ FILE student 命令将查询结果存储在 student.txt 文本文件中。

(52) 不带条件的 SQL DELETE 命令将删除指定表的_____记录。

(53) 在 SQL SELECT 语句中为了将查询结果存储到临时表中应该使用_____ 短语。

3. 思考题

(1) "视图设计器"和"查询设计器"两个窗口的选项卡有什么不同?

(2) 联接的类型有几种? 各是什么含义?

(3) "查询设计器"中"筛选"选项卡和"排序依据"选项卡的作用有哪些?

(4) Visual FoxPro 提供了几种查询结果的输出去向? 各是什么?

(5) 如何建立单表查询与多表查询?

(6) 如何使用"视图"更新数据?

(7) SQL 语言的特点有哪些?

(8) SQL-SELECT 语句的含义是什么?

习题 6

1. 单选题

(1) 在 Visual FoxPro 中, 如果希望跳出 SCAN … ENDSCAN 循环体、执行 ENDSCAN 后面的语句, 应使用_____。

    A) LOOP 语句   B) EXIT 语句

    C) BREAK 语句   D) RETURN 语句

(2) 下列程序段的输出结果是_____。

```
ACCEPT TO A
IF A= [123456]
S=0
ENDIF
S=1
?S
RETURN
```

    A) 0   B) 1

    C) 由 A 的值决定   D) 程序出错

(3) 如果在命令窗口输入并执行命令"LIST 名称"后在主窗口中显示:

记录名   名称

1   电视机

2	计算机
3	电话线
4	电冰箱
5	电线

假定名称字段为字符型,宽度为6,那么下列程序段的输出结果是_____。

```
GO 2
SCAN NEXT 4 FOR LEFT(名称,2)="电"
IF RIGHT(名称,2)="线"
LOOP
ENDIF
??名称
ENDSCAN
```

A) 电话线　　　　B) 电冰箱　　　　C) 电冰箱电线　　　　D) 电视机电冰箱

(4) 下列程序段执行以后,内存变量 A 和 B 的值是_____。

```
CLEAR
A=10
B=20
SET UDFPARMS TO REFERENCE
DO SQ WITH(A),(B)
?A,B


PROCEDURE SQ
PARAMETERS X1,Y1
X1=X1*X1
Y1=2*X1
ENDPROC
```

A) 10 200　　　　B) 100 200　　　　C) 100 20　　　　D) 10 20

(5) 下列程序段执行以后,内存变量 y 的值是_____。

```
x=34567
y=0
DO WHILE x>0
    y=x%10+y*10
    x=int(x/10)
ENDDO
```

A) 3456　　　　B) 34567　　　　C) 7654　　　　D) 76543

(6) 下列程序段中与上题的程序段对 y 的计算结果相同的是_____。

```
y=0
flag=.T.
DO WHILE flag
```

```
    y=x%10+y * 10
    x=int(x/10)
    IF x=0
      flag=.F.
    ENDIF
ENDDO
```

    A) x=3456   B) x=34567   C) x=7654   D) x=76543

(7) 在 Visual FoxPro 中,过程的返回语句是_____。

    A) GOBACK   B) COMEBACK   C) RETURN   D) BACK

(8) Modify Command 命令建立的文件的默认扩展名是_____。

    A) . prg   B) . app   C) . cmd   D) . exe

(9) 欲执行程序 temp. prg,应该执行的命令是_____。

    A) DO PRG temp. prg   B) DO temp. prg

    C) DO CMD temp. prg   D) DO FORM temp. prg

(10) 在 Visual FoxPro 中,如果希望内存变量只能在本模块(过程)中使用,不能在上层或下层模块中使用,说明该种内存变量的命令是_____。

    A) PRIVATE   B) LOCAL

    C) PUBLIC   D) 不用说明,在程序中直接使用

(11) 下面程序计算一个整数的各位数字之和,在下划线处应填写的语句是_____。

```
SET TALK OFF
INPUT "x=" TO x
s=0
DO WHILE x!=0
s=s+MOD(x,10)

_____

ENDDO
?s
SET TALK ON
```

    A) x=int(x/10)   B) x=int(x%10)

    C) x=x−int(x/10)   D) x=x−int(x%10)

(12) 下列程序段执行以后,内存变量 X 和 Y 的值是_____。

```
CLEAR
STORE 3 TO X
STORE 5 TO Y
PLUS((X),Y)
?X,Y
PROCEDURE PLUS
PARAMETERS A1,A2
```

```
A1=A1+A2
A2=A1+A2
ENDPROC
```

A) 8 13   B) 3 13   C) 3 5   D) 8 5

(13) 下列程序段执行以后,内存变量 y 的值是_____。

```
CLEAR
x=12345
y=0
DO WHILE x>0
    y=y+x%10
    x=int(x/10)
ENDDO
?y
```

A) 54321   B) 12345   C) 51   D) 15

(14) 下列程序段执行后,内存变量 s1 的值是_____。

```
s1="network"
s1=STUFF(s1,4,4,"BIOS")
?s1
```

A) network   B) netBIOS   C) net   D) BIOS

(15) 下列程序段执行以后,内存变量 y 的值是_____。

```
x=76543
y=0
DO WHILE x>0
    y=x%10+y*10
    x=INT(x/10)
ENDDO
```

A) 3456   B) 34567   C) 7654   D)76543

(16) 下列程序段执行时在屏幕上显示的结果是_____。

```
DIME a(6)
a(1)=1
a(2)=1
FOR i=3 TO 6
    a(i)=a(i-1)+a(i-2)
NEXT
?a(6)
```

A) 5   B) 6   C) 7   D) 8

(17) 下列程序段执行时在屏幕上显示的结果是_____。

```
x1=20
```

```
x2=30
SET UDFPARMS TO VALUE
DO test WITH x1,x2
?x1,x2


PROCEDURE test
PARAMETERS a,b
x=a
a=b
b=x
ENDPROC
```

A) 30 30   B) 30 20   C) 20 20   D)20 30

(18) 简单条件语句结构是_____。

A) CASE…ENDCASE   B) DO…ENDDO

C) IF…ENDIF   D) SCAN…ENDSCAN

(19) 不能出现 LOOP 和 EXIT 语句的程序结构是_____。

A) IF…ENDIF   B) SCAN…ENDSCAN

C) DO…ENDDO   D) FOR…ENDFOR

(20) 不属于循环结构的语句是_____。

A) SCAN…ENDSCAN   B) IF…ENDIF

C) DO…ENDDO   D) FOR…ENDFOR

(21) _____不能运行程序文件。

A) 菜单方式下的"边编译边运行"方式

B) 菜单方式下的"先编译再运行"方式

C) 使用命令 DO<文件名>

D) 使用命令 MODIFY COMMAND[<文件名>]

(22) 用于建立、修改、运行程序文件的 Visual FoxPro 命令依次是_____。

A) CREAT、MODIFY、DO

B) MODI COMM、MODI COMM、DO

C) CREAT、MODI COMM、RUN

D) MODI COMM、MODI COMM、TYPE

(23) INPUT、ACCEPT、WAIT 三条命令中,可以接受字符的命令是_____。

A) 只是 ACCEPT

B) 只有 WAIT

C) 可以是 ACCEPT 与 WAIT

D) 三者均可

(24) INPUT 命令可接收任何类型的数据,若为字符型,则可以_____。

A) 直接输入即可

B) 只可接收一个字符

C) 必须用单引号括起来，其他符号不可

D) 必须用单引号、双引号或方括号括起来

(25) 执行命令：INPUT"请输入数据："TO XYZ 时，可以通过键盘输入的内容包括_____。

A) 字符串

B) 数值和字符串

C) 数值、字符串和逻辑值

D) 数值、字符串、逻辑值和表达式

(26) 若已知循环次数，用循环语句_____比较方便。

A) DO…ENDDO   B) FOR…ENDFOR

C) SCAN…ENDSCAN   D) 循环嵌套

(27) 在永真条件 DO WHILE .T. 的循环中，退出循环可以使用_____。

A) LOOP   B) EXIT   C) CLOSE   D) QUIT

(28) 在"先判断后执行"的循环结构中，循环体执行的次数最少是_____。

A) 0   B) 1   C) 2   D) 不确定

(29) 有关 LOOP 语句和 EXIT 语句的叙述正确的是_____。

A) LOOP 和 EXIT 语句可以写在循环体的外面

B) LOOP 语句的作用是把控制转到 ENDDO 语句

C) EXIT 语句的作用是把控制转到 ENDDO 语句

D) LOOP 和 EXIT 语句一般写在循环结构里面嵌套的分支结构中

(30) 有关参数传递叙述正确的是_____。

A) 参数接收时与发送的顺序相同

B) 接收参数的个数必须少于发送参数的个数

C) 参数接收时与发送的顺序相反

D) 接收参数的个数必须正好等于发送参数的个数

(31) 有关嵌套的叙述正确的是_____。

A) 循环体内不能含有条件语句

B) 循环语句不能嵌套在条件语句之中

C) 嵌套只能一层，否则会导致程序错误

D) 正确的嵌套中不能交叉

(32) 有关 DO CASE…ENDCASE 的结构的正确叙述是_____。

A) 当有多个逻辑表达式的值为真，执行最后一个逻辑表达式的值为真的 CASE 之后的程序段

B) 当有多个逻辑表达式的值为真，执行第一个逻辑表达式的值为真的 CASE 之后的程序段

C) 当有多个逻辑表达式的值为真，执行多个逻辑表达式的值为真的 CASE 之后的程序段

D) DO CASE…ENDCASE 语句，可以有多个程序段被执行

(33) 有关 FOR 循环结构,叙述正确的是_____。

    A) 对于 FOR 循环结构,循环的次数是未知的

    B) FOR 循环结构中,可以使用 EXIT 语句,但不能使用 LOOP 语句

    C) FOR 循环结构中,不能人为地修改循环控制变量,否则会导致循环次数出错

    D) FOR 循环结构中,可以使用 LOOP 语句,但不能使用 EXIT 语句

(34) 在 FOR-ENDFOR 循环结构中,如省略步长,则系统默认步长为_____。

    A) 0   B) −1   C) 1   D) 2

(35) 循环结构中 EXIT 语句的功能是_____。

    A) 放弃本次循环,重新执行该循环结构

    B) 放弃本次循环,进入下一次循环

    C) 退出循环,执行循环结构的下一条语句

    D) 退出循环,结束程序的运行

(36) 以下循环体共执行了_____次。

```
X=10
SUM=1
DO WHILE X>10 AND NOT .T.
    SUM=SUM*X
    X=X-1
ENDDO
?SUM
```

    A) 10   B)5   C) 0   D) 不确定

(37) 在程序中未加任何说明,而直接使用的内存变量是_____。

    A) 全局变量   B) 局部变量   C) 私有变量   D) 无属性

(38) 过程文件是由若干个过程组成的,每个过程的开始标志为_____。

    A) PARAMETERS   B) DO<过程>

    C) <过程名>   D) PROCEDURE<过程名>

(39) 阅读程序,正确的运行结果是_____。

```
SET TALK OFF
STORE .T.  TO x
STORE 0 TO  Y
DO  WHILE x
    Y=Y+1
    IF INT(Y/5)=Y/5
        ??Y
    ELSE
        LOOP
    ENDIF
    IF Y>15
```

```
        STORE .F. TO X
    ENDIF
ENDDO
```

A) 5 10 15   B) 5 10 15 20   C) 10 15 20   D) 5 10 15 20 25

(40) 阅读程序,正确的运行结果是_____。

```
SET TALK OFF
X=0
Y=0
DO WHILE X<100
    X=X+1
    IF INT(X/2)=X/2
        LOOP
    ELSE
        Y=Y+X
    ENDIF
ENDDO
? "Y=",Y
RETURN
```

运行结果为

A) Y=500   B) Y=1500   C) Y=2000   D) Y=2500

(41) 填写下列循环的循环体,使循环程序可以正常结束。

```
M=10
DO WHILE M>0
    _____
ENDDO
```

A) M=M-2   B) M=10   C) M=M+1   D) M=1

(42) 下列程序中 DO 循环的循环体执行次数为_____。

```
K=20
L=26
DO WHILE L>=K
    L=L-1
ENDDO
```

A) 7   B) 0   C) 5   D) 6

(43) 运行下列程序,"? X"命令显示结果为_____。

```
Y=0
X=100
DO WHILE X>=0
    Y=Y+X
    X=X-10
```

ENDDO
?X

 A) 0   B) 3   C) 2   D)1

(44) 对全局性内存变量说法正确的是_____。

 A) 在过程或函数中定义的全局性内存变量,不可以在主程序中使用

 B) 定义为全局性的内存变量在整个程序结束后,就从内存中清除掉了

 C) 在 Visual FoxPro 命令窗口里建立的内存变量都是全局性内存变量

 D) 定义为全局性的内存变量,可以在主程序里使用,不可以在过程或函数里使用

(45) 下面给出的命令中,可用于建立或修改过程文件的是_____。

 A) MODIFY COMMAND   B) MODIFY

 C) MODIFY PROCEDURE   D) 以上都不正确

(46) 下列程序段的输出结果是_____。

```
ACCEPT TO A
IF A= [123456]
    S=0
ENDIF
S=1
?S
RETURN
```

 A) 0   B) 1

 C) 由 A 的值决定   D) 程序出错

(47) 设学生数据当前记录的"C 语言"字段的值是 79,执行下列程序段后,屏幕输出为_____。

```
DO CASE
    CASE C 语言 < 60
        ? "C 语言成绩是:"+ "不及格 "
    CASE C 语言 >= 60
        ? "C 语言成绩是:"+ "及格 "
    CASE C 语言 >= 70
        ? "C 语言成绩是:"+ "中"
    CASE C 语言 >= 80
        ? "C 语言成绩是:"+ "良"
    CASE C 语言 >= 90
        ? "C 语言成绩是:"+ "优"
ENDCASE
```

 A) C 语言成绩是:及格   B) C 语言成绩是:中

 C) C 语言成绩是:良   D) C 语言成绩是:优

(48) 在 DO WHILE…ENDDO 循环结构中,LOOP 命令的作用是_____。

A) 退出过程,返回程序开始处

B) 转移到 DO WHILE 语句行,开始下一个判断和循环

C) 终止循环,将控制转移到本循环结构 ENDDO 后面的第一条语句继续执行

D) 终止程序执行

(49) 在 DO WHILE…ENDDO 循环结构中,EXIT 命令的作用是_____。

A) 退出过程,返回程序开始处

B) 转移到 DO WHILE 语句行,开始下一个判断和循环

C) 终止循环,将控制转移到本循环结构 ENDDO 后面的第一条语句继续执行

D) 终止程序执行

(50) 结构化程序设计的基本结构为_____。

A) 顺序结构、循环结构和过程

B) 顺序结构、选择结构和循环结构

C) 分支结构、循环结构和过程

D) 顺序结构、分支结构和过程

(51) 在 Visual FoxPro 中,用于新建应用程序的命令是_____。

A) MODIFY COMMAND   B) MODIFY PROCEDURE

C) MODIFY   D) CREATE COMMAND

(52) 在 Visual FoxPro 中,关于过程调用叙述正确的是_____。

A) 当实参的数量多于形参的数量时,多余的形参被忽略

B) 实参与形参的数量必须相等

C) 当实参的数量少于形参的数量时,多余的形参初值取逻辑假

D) 上面的 A 和 B 都正确

(53) 在程序中不需要用 PUBLIC 等命令明确声明和建立,可直接使用的内存变量是_____。

A) 局部变量   B) 公共变量   C) 本地变量   D) 全局变量

(54) 如果在一个子程序中对某个变量的操作,希望不影响上一级程序的执行,应该用_____命令说明变量。

A) RELEASE   B) LOCAL   C) PUBLIC   D) PRIVATE

(55) 如果有定义 PUBLIC data,则变量 data 的初值是_____。

A) 0   B) 1   C) .T.   D) .F.

(56) 将内存变量定义为全局变量的 Visual FoxPro 命令是_____。

A) LOCAL   B) PRIVATE   C) PUBLIC   D) A 和 B 都正确

(57) 已知 stock.dbf,如下列:

股票代码	股票名称	单价	交易所
600600	青岛啤酒	7.48	上海
600601	方正科技	15.20	上海
600602	广电电子	10.40	上海
600603	兴业房产	12.76	上海

600604	二纺机	9.96	上海
600605	轻工机械	14.59	上海
000001	深发展	7.48	深圳
000002	深万科	12.50	深圳

执行下列程序段以后,内存变量 a 的值是_____。

```
CLOSE DATABASE
a=0
USE stock
GO TOP
DO WHILE.NOT.EOF()
    IF 单价>10
        a=a+1
    ENDIF
    SKIP
ENDDO
```

A) 5 B) 10 C) 15 D) 20

(58) 执行下列程序,显示结果为_____。

```
?ADD (10)
FUNCTION ADD
PARAMETERS mypara
retValue=0
FOR iLoop=1 TO mypara
    retValue=retValue+iLoop
ENDFOR
RETURN retValue
ENDFUNC
```

A) 5 B) 55 C) 555 D) 5555

(59) 执行下列程序段后显示的值是_____。

```
x=34567
y=0
DO WHILE x>0
    y=x%10+y*10
    x=int(x/10)
ENDDO
?y
```

A) 34561 B) 34567 C) 76541 D) 76543

(60) 下列说法中正确的是_____。

A) 调用函数时,不论有无参数,函数名后的圆括号都不能省略

B) 如果一个函数有多个参数,则各参数间应用空格隔开

C) 调用函数时,参数的类型、个数和顺序可以不一致

D) 如果一个函数没有参数,则调用时函数名后面的圆括号可以省略

(61) 已知 教师.dbf,如表 A-1 所示。

表 A-1　教师.dbf

职 工 号	系 号	姓 名	工 资	主 讲 课 程
11020001	01	肖　海	3408	数据结构
11020002	02	王岩盐	4390	数据结构
11020003	01	刘星魂	2450	C 语言
11020004	03	张月新	3200	操作系统
11020005	01	李明玉	4520	数据结构
11020006	02	孙民山	2976	操作系统
11020007	03	钱无名	2987	数据库
11020008	04	呼延军	3220	编译原理
11020009	04	王小龙	3980	数据结构
11020010	01	张国梁	2400	C 语言
11020011	04	林新月	1800	操作系统
11020012	01	乔小廷	5400	网络技术
11020013	02	周兴池	3670	数据库
11020014	04	欧阳秀	3345	编译原理

执行下列程序段的输出结果是_____。

```
CLOSE DATA
a= 0
USE 教师
GO TOP
DO WHILE .NOT.EOF()
   IF 主讲课程="数据结构".OR.主讲课程="C 语言"
     a=a+1
   ENDIF
   SKIP
ENDDO
? a
```

A) 6　　　　　　　B) 7　　　　　　　C) 8　　　　　　　D) 9

(62) 用于建立或修改过程文件的命令是_____。

A) MODIFY　　　　　　　　　　　　B) MODIFY PROCEDURE

C) MODIFY COMMAND　　　　　　　D) 上面 B)和 C)都不对

(63) 设计一个自定义函数,用来求一元一次方程的根。

```
CLEAR
DIMENSION fs(2)
fs(1)=1
fs(2)=0
INPUT "一次项系数: "  TO fs(1)
INPUT "常数项: "  TO fs(2)
?"x:",root(fs)

FUNCTION root
PARAMETERS js
RETURN _____
```

A) IIF(js(1)=1,"无解", js(1)/ —js(2))

B) IIF(js(1)=1,"无解", —js(2)/js(1))

C) IIF(js(1)=0,"无解", js(1)/ —js(2))

D) IIF(js(1)=0,"无解", —js(2)/js(1))

(64) 对全局性内存变量说法正确的是_____。

A) 在过程或函数中定义的全局性内存变量,不可以在主程序中使用

B) 定义为全局性的内存变量在整个程序结束后,就从内存中清除掉了

C) 在 Visual FoxPro 命令窗口里建立的内存变量都是全局性内存变量

D) 定义为全局性的内存变量,可以在主程序里使用,不可以在过程或函数里使用

(65) 可以被其他程序调用的程序单位有_____。

A) 过程   B) 自定义函数   C) 子程序   D) 上述三者均可

2. 填空题

(1) 程序是_____序列,这样的序列被存放在_____或者称为_____之中。

(2) 为了提高程序的可读性,编程者通常会在程序中加一些注释。Visual FoxPro 提供了_____和_____两种方式来为程序添加说明信息。

(3) 终止程序执行的命令包括_____、_____、_____。

(4) 当循环可以由一个已知其初值、终值和变化步长的数值变量控制的时候,使用_____循环最方便;当需要对数据表中的记录进行循环处理的时候,使用_____循环最方便;而_____循环是能处理所有循环问题的最基本的循环。

(5) 当一个应用程序设计成由多程序单位构成的时候,程序单位之间常常需要进行数据传递。在 Visual FoxPro 系统中,数据传递的方式主要有两种,一是通过虚实结合的_____,另一是通过内存变量作用域的_____。

(6) 在调用程序命令中,不带 WITH 子句的 DO 命令用来调用_____。

(7) 过程可以放在调用它的程序的尾部,即与调用程序存放在_____当中;也可以存放在专门用来保存过程等程序单位的_____当中。

（8）一个过程文件最多可容纳_____个程序单位。过程文件的创建和编辑方法与程序文件一样，但是要调用其中的过程，需要_____。

（9）结构化程序设计有三种基本结构，即_____、_____和_____。

（10）程序编辑完毕，可使用组合键_____保存程序；如果放弃保存，可单击_____键或使用组合键_____。

（11）ACCEPT 只接收字符型数据，输入的_____数据不必用_____括起来。

（12）INPUT 命令可以用于接收_____类型的数据，如果输入的是_____数据，则必须用引号括起来。

（13）输出命令_____表示从屏幕下一行显示结果，_____表示从当前行的当前列显示结果。

（14）使用_____命令将关闭对话功能，系统不再回显结果；使用_____命令打开对话功能，程序执行每条命令时都回显运行结果。

（15）在分支结构中，IF 和_____必须配对使用，ELSE 子句必须和_____子句一起使用，不可单独使用。

（16）在循环结构中，_____子句是退出循环的子句；_____子句的功能是转回到循环的开始处，重新对循环条件进行判断。它们都可以放到循环体中的_____位置。

（17）_____循环在当前选定的表中移动记录指针，并对每一个满足条件的记录执行一次循环体。

（18）在一个循环的循环体中又包含另一个循环语句，这种结构称为_____。

（19）对于两个具有调用关系的程序，称调用程序为_____被调用的程序为_____。

（20）在子程序中，至少要有一条_____语句，以便返回到调用它的主程序。

（21）在任何程序模块中都可以使用的变量称为_____，程序中未加任何说明而直接定义使用的内存变量都是_____。

（22）根据变量作用域的不同，可以分为_____变量、_____变量和_____变量。

（23）当私有变量和上层模块中的变量同名时，可采用_____方法，使子程序中的变量与上层模块中的变量同名而不同值，格式为_____。

（24）写出程序的运行结果。

```
SET TALK OFF
DIMENSION A(6)
FOR K=1 TO 6
   A(K)=20-2*k
ENDFOR
K=5
DO WHILE K>=2
   A(K)=A(K)-A(K-1)
   K=K-1
ENDDO
```

```
?A(1),A(3),A(5)
SET TALK ON
```

运行结果：_____。

（25）写出程序的运行结果。

```
X=1.5
DO CASE
    CASE  X>2
         Y=2
    CASE  X>1
         Y=1
ENDCASE
?"Y=",Y
RETURN
```

运行结果：_____。

（26）写出程序的运行结果。

```
STORE  0 TO  A,B,C,D,N
DO  WHILE  .T.
    N=N+5
    DO  CASE
       CASE N<=30
           A=A+1
           LOOP
       CASE N>=70
           B=B+1
           EXIT
       CASE N>=50
           C=C+1
       OTHER
           D=D+1
    ENDCASE
    N=N+5
ENDDO
?A, B, C, D, N
RETURN
```

运行结果：_____。

（27）写出程序的运行结果。

```
DIMENSION K(2,3)
I=1
DO WHILE I<=2
  J=1
```

```
    DO WHILE J<=3
        K(I, J)=I * J
        ??K(I, J)
        J=j+1
    ENDDO
    ?
    I=I+1
ENDDO
RETURN
```

运行结果：_____。

(28) 写出程序的运行结果。

```
SET TALK OFF
STORE 0 TO X,Y
DO WHILE .T.
   X=X+1
   Y=Y+X
   IF X>5
      EXIT
   ENDIF
ENDDO
?X,Y
SET TALK ON
```

运行结果：_____。

(29) 阅读下列程序。

```
SET TALK OFF
CLEAR
INPUT "N=" TO N
P=N
I=1
DO WHILE N>0
   ?SPACE(I)
   P=N+I
   DO WHILE P>0
      ??"*"
      P=P-1
   ENDDO
   I=I+1
   N=N-1
ENDDO
SET TALK ON
```

设输入的数值 N=5,运行结果为：_____。

（30）写出程序的运行结果。

```
SET TALK OFF
A=3
B=5
DO SUB1_24 WITH 2*A,B,1
?A,B
SET TALK ON
RETURN


PROC SUB1_24
PARA X,Y,Z
CLEAR
S=X*Y+Z
X=2*X
Y=Y*2
?"S="+STR(S,3)
?X,Y
RETU
ENDP
```

运行结果为：_____。

（31）写出程序的运行结果。

```
SET TALK OFF
CLEAR
INPUT "N=" TO N
DIMENSION A(N,N)
P=N
DO WHIL N>0
    A(N,N)=1
    A(N,1)=1
    N=N-1
ENDDO
FOR I=3 TO P
    FOR J=2 TO I-1
        A(I,J)=A(I-1,J-1)+A(I-1,J)
    ENDFOR
ENDFOR
FOR I=1 TO P
    ?SPACE(3*(P-I+1))
    FOR J=1 TO I
        ??STR(A(I,J),3)
    ENDFOR
    ?
```

```
ENDFOR
SET TALK ON
RETURN
```

设输入的数值 N＝4,运行结果为:_____。

(32) 执行下列程序,显示的结果是_____。

```
ONE= "WORK"
TWO= ""
A= LEN(ONE)
I=A
DO WHILE I>=1
    TWO= TWO+ SUBSTR(ONE,I,1)
    I=I-1
ENDDO
? TWO
```

(33) 下列程序显示的结果是_____。

```
S=1
I=0
DO WHILE I< 8
    S=S+ I
    I=I+2
ENDDO
?S
```

(34) 在 Visual FoxPro 中,可以使用_____语句跳出 SCAN…ENDSCAN 循环体外执行 ENDSCAN 后面的语句。

(35) 在 Visual FoxPro 中,如果要在子程序中创建一个只在本程序中使用的变量(不影响上级或下级的程序),应该使用_____说明变量。

3. 编程题

(1) 一程序求 Z 的值(X、Y 的值由用户从键盘随机输入)

$$Z = \begin{cases} X+Y, & X < Y \\ X*Y, & X = Y \\ X-Y, & X > Y \end{cases}$$

(2) 循环语句编程,显示"教师.DBF"中年龄大于 40、小于 50 岁的记录。每个记录中只显示"姓名、职称、简历"3 个字段的内容。当表文件中所有符合条件的记录显示完后,使用 MESSAGEBOX()函数为用户显示一提示信息。

(3) 写程序,求 1～100 间奇数之和及奇数个数。

(4) 输入 20 个学生的成绩,打印出他们的平均值。

(5) 设某班级有 20 个学生,每个学生考 5 门课,试设计一程序;要求能输入每个学生的每门课的成绩,并计算全班总平均成绩。

（6）用过程计算整数 N 的阶乘。当 $N>0$ 时，$N!=N*(N-1)!$；当 $N=0$ 时，$N=1$。

（7）写程序，查询"职工.DBF"中指定的记录；首先按职工号查询，如果职工号出错，再按姓名查询，若找到，则显示该记录；否则，显示提示信息，并由用户决定是重新开始又一次查找还是结束查找。

（8）"职工.DBF"表，编写一按职工姓名删除记录的程序，要求：①职工姓名由用户从键盘输入；②删除前确认；③完成一次删除操作后，由用户决定是否继续进行下一次删除操作。

（9）下面的近似公式计算 e 的值：
$$e=1+1/1!+1/2!+1/3!+\cdots+1/n!+\cdots$$
设 n 取值为 100。

（10）有一个数组，内放 5 个整数，要求找出最小的数和它的下标，然后把它和数组中最前面的元素对换。

4. 思考题

（1）与命令的交互执行方式相比，采用程序运行方式有哪些优点？

（2）可以有几种方法建立程序文件？

（3）对于程序文件，令其运行的方法有多种，列出几种常用的方法。

（4）WAIT 语句中各选项的含义是什么？

（5）简述 INPUT 命令和 ACCEPT 命令的异同点。

（6）使用分支语句应注意什么？

（7）参数说明语句：PARAMETERS<虚参数列表>的语句功能。

（8）过程与子程序的异同点。

（9）LOOP 命令和 EXIT 命令的功能有什么不同。

习题 7

1. 单选题

（1）每个对象都可以对一个被称为事件的动作进行识别和响应，下面关于事件的叙述，错误的是_____。

　　A）事件是一种预先定义好的特定的动作，由用户或系统激活

　　B）事件是由系统预先定义好的

　　C）事件也可以由用户创建

　　D）可以激活事件的用户动作有按键、单击鼠标和移动鼠标等

（2）Parent 是对象的一个属性，属性值为对象引用，指向_____。

　　A）当前对象　　　　　　　　　　B）当前对象所在的表单

　　C）当前对象所在的表单集　　　　D）当前对象的直接容器

（3）下面关于事件的叙述，不正确的是_____。

　　A）事件是一种由系统预先定义而由用户或系统发出的动作

B）事件作用于对象，对象识别事件并作出相应反应

C）事件只可以由事件代码引发

D）用户用鼠标单击程序界面上的一个命令按钮时，就可以引发一个相应的事件

（4）在 Visual FoxPro 中，可以包含按钮、列表框、文本框等各种界面元素，可以产生标准的窗口和对话框的是_____。

　　　A）对象　　　　　　B）容器　　　　　　C）表单　　　　　　D）控件

（5）文本框（TextBox）控件的 PasswordChar 属性的作用是_____。

　　　A）指定在一个文本框中如何输入和显示数据

　　　B）指定文本框的当前内容

　　　C）指定文本框控件内是显示用户输入的字符还是显示占位符

　　　D）返回文本框的当前内容

（6）选项组控件的 ButtonCount 属性的作用是_____。

　　　A）用于指定选项组中哪个按钮被选中

　　　B）指定选项组中选项按钮的数目

　　　C）指明与选项组建立联系的数据源

　　　D）用于存取选项组中每个按钮的数组

（7）以下对控件的描述中，正确的是_____。

　　　A）用户可以在组合框中进行多重选择

　　　B）用户可以在列表框中进行多重选择

　　　C）用户可以在一个选项组中选中多个选项按钮

　　　D）用户对一个表单内的一组复选框只能选中其中一个

（8）以下对编辑框（EditBox）控件属性的描述中，正确的是_____。

　　　A）SelLength 属性的设置可以小于 0

　　　B）当 Scrollbars 的属性值为 0 时，编辑框内包含水平滚动条

　　　C）SelText 属性在做界面设计时不可用，在运行时可读写

　　　D）Readonly 属性值为.T.时，用户不能使用编辑框上的滚动条

（9）以下属于标签控件的属性是_____。

　　　A）Enabled　　　　B）Caption　　　　C）Interval　　　　D）Value

（10）用于确定列表框内的某个条目是否被选定的属性是_____。

　　　A）Value　　　　B）ColumnCount　　　　C）ListCount　　　　D）Selected

（11）下列各项中，表示命令按钮的事件是_____。

　　　A）Parent　　　　B）This　　　　C）ThisForm　　　　D）Click

（12）假设当前已有列表框控件，要将列表框中的数据条目数设置为 5，则应将_____。

　　　A）List Count 设置为 5　　　　　　　　B）Column Count 属性设置为 5

　　　C）将 Value 属性设置为 5　　　　　　　D）将 List 属性设置为 5

（13）表格控件的数据源可以是_____。

　　　A）视图　　　　　　　　　　　　　　　B）表

C) SQL SELECT 语句　　　　　　　D) 以上三种都可以

(14) 假设某个表单中有一个命令按钮 cmdClose,为了实现当用户单击此按钮时能够关闭该表单的功能,应在该按钮的 Click 事件中写入语句_____。

A) ThisForm. close　　　　　　　B) ThisForm. erase

C) ThisForm. release　　　　　　D) ThisForm. return

(15) 假定一个表单里有一个文本框 Text1 和一个命令按钮组 CommandGroup1,命令按钮组是一个容器对象,其中包含 Command1 和 Command2 两个命令按钮。如果要在 Command1 命令按钮的某个方法中访问文本框的 Value 属性值,下列正确的式子是_____。

A) ThisForm. Text1. Value　　　　B) This. Parent. Value

C) Parent. Text1. Value　　　　　D) This. Parent. Text. Value

(16) 下列选项中,不可以用来作为文本框控件数据来源的是_____。

A) 字符型变量　　　　　　　　　B) 内存变量

C) 数值型字段　　　　　　　　　D) 备注型字段

(17) 在当前表单的 LABEL1 控件中显示系统时间的语句是_____。

A) THISFORM. LABEL1. CAPTION＝TIME()

B) THISFORM. LABEL1. VALUE＝TIME()

C) THISFORM. LABEL1. TEXT＝TIME()

D) THISFORM. LABEL1. CONTROL＝TIME()

(18) 有关控件对象的 Click 事件的正确叙述是_____。

A) 用鼠标双击对象时引发　　　　B) 用鼠标单击对象时引发

C) 用鼠标右键单击对象时引发　　D) 用鼠标右键双击对象时引发

(19) Visual FoxPro 中,运行表单 T1. SCX 的命令是_____。

A) DO T1　　　　　　　　　　　B) RUN FORM T1

C) DO FORM T1　　　　　　　　D) RUN T1

(20) 在 Visual FoxPro 中,下面关于表单(Form)的说法正确的是_____。

A) 表单是数据库中的表　　　　　B) 表单是数据库中表的清单

C) 表单是表中记录的清单　　　　D) 表单是一个窗口界面

(21) 关闭表单的程序代码是 ThisForm. Release,Release 是_____。

A) 表单对象的标题　　　　　　　B) 表单对象的属性

C) 表单对象的事件　　　　　　　D) 表单对象的方法

(22) 如果运行一个表单,以下事件首先被触发的是_____。

A) Load　　　　　B) Init　　　　　C) Error　　　　　D) Click

(23) 假设表单 MyForm 隐藏着,让该表单在屏幕上显示的命令是_____。

A) MyForm. list　　　　　　　　B) MyForm. Display

C) MyForm. Show　　　　　　　D) MyForm. ShowForm

(24) 能够将表单的 Visible 属性设置为.T.,并使表单成为活动对象的方法是_____。

A) Hide   B) Show   C) Release   D) SetFocus

(25) 在 Visual FoxPro 中修改表单的命令是_____。

  A) OPEN FORM   B) USE FORM

  C) MODIFY FORM   D) DO FORM

(26) 已知表单名为 Form1,表单中有两个命令按钮(Command1 和 Command2)、两个标签、两个文本框(Text1 和 Text2)。如果想在运行表单时,向 Text2 中输入字符,回显字符显示的是"＊"号,则可以在 Form1 的 Init 事件中加入语句_____。

  A) FORM1. TEXT2. PASSWORDCHAR＝"＊"

  B) FORM1. TEXT2. PASSWORD＝"＊"

  C) THISFORM. TEXT2. PASSWORD＝"＊"

  D) THISFORM. TEXT2. PASSWORDCHAR＝"＊"

(27) 已知表单名为 Form1,表单中有两个命令按钮(Command1 和 Command2)、两个标签、两个文本框(Text1 和 Text2)。如果在运行表单时,要使表单的标题显示"验证窗口",则可以在 Form1 的 Load 事件中加入语句_____。

  A) THISFROM. CAPTION＝"验证窗口"

  B) FROM1. CAPTION＝"验证窗口"

  C) THISFORM. NAME＝"验证窗口"

  D) FROM1. NAME＝"验证窗口"

(28) 在 Visual FoxPro 中,下列关于表单属性的说法不正确的是_____。

  A) Caption 是表单常用的属性,用于指定表单的标题,其默认值为 Form

  B) BackColor 属性用来设置表单窗口的颜色

  C) BorderStyle 属性用来设置表单边框的样式

  D) Moveable 属性用来确定表单是否能移动

(29) 以下对编辑框(Edit Box)控件属性的描述中,正确的是_____。

  A) SelLength 属性的设置可以小于 0

  B) 当 Scrollbars 的属性值为 0 时,编辑框内包含水平滚动条

  C) SelText 属性在做界面设计时不可用,在运行时可读写

  D) Readonly 属性值为. T. 时,用户不能使用编辑框上的滚动条

(30) 已知表单名为 Form1,表单中有两个命令按钮(Command1 和 Command2)、两个标签、两个文本框(Text1,Text2)。如果在运行表单时,要使表单的标题显示"验证窗口",则可以在 Form1 的 Load 事件中加入语句_____。

  A) THISFROM. CAPTION＝"验证窗口"

  B) FROM1. CAPTION＝"验证窗口"

  C) THISFORM. NAME＝"验证窗口"

  D) FROM1. NAME＝"验证窗口"

(31) 以下对控件的描述中,正确的是_____。

  A) 用户可以在组合框中进行多重选择

  B) 用户可以在列表框中进行多重选择

C) 用户可以在一个选项组中选中多个选项按钮

D) 用户对一个表单内的一组复选框只能选中其中一个

（32）表格控件的数据源可以是_____。

　　A) 视图　　　　　　　　　　　B) 表

　　C) SQL SELECT 语句　　　　　　D) 以上三种都可以

（33）新创建的表单默认标题为 form1，为了修改表单的标题，应设置表单的_____。

　　A) Name 属性　　　　　　　　　B) Caption 属性

　　C) Closable 属性　　　　　　　D) AlwaysonTop 属性

（34）在 Visual FoxPro 中释放和关闭表单的方法是_____。

　　A) RELEASE　　　B) CLOSE　　　C) DELETE　　　D) DROP

（35）在当前表单的 LABEL1 控件中显示系统时间的语句是_____。

　　A) THISFORM. LABEL1. CAPTION＝TIME()

　　B) THISFORM. LABEL1. VALUE＝TIME()

　　C) THISFORM. LABEL1. TEXT＝TIME()

　　D) THISFORM. LABEL1. CONTROL＝TIME()

（36）下列各项中，表示命令按钮的事件是_____。

　　A) Parent　　　　B) This　　　　C) ThisForm　　　D) Click

（37）让控件获得焦点，使其成为活动对象的方法是_____。

　　A) Show　　　　B) Release　　　C) SetFocus　　　D) GotFocus

（38）下面关于类、对象、属性和方法的叙述中，错误的是_____。

　　A) 类是对一类相似对象的描述，这些对象具有相同种类的属性和行为

　　B) 属性用于描述对象的状态，方法用于表示对象的行为

　　C) 基于同一个类产生的两个对象可以分别设置自己的属性值

　　D) 执行不同对象的同名方法，其结果必然是相同的

（39）在表单中为表格控件指定数据源的属性是_____。

　　A) DataSource　　　　　　　　　B) RecordSource

　　C) DataForm　　　　　　　　　　D) RecordForm

（40）以下关于表单数据环境叙述错误的是_____。

　　A) 可以向表单数据环境设计器中添加表或视图

　　B) 可以从表单数据环境设计器中移出表或视图

　　C) 可以在表单数据环境设计器中设置表之间的关系

　　D) 不可以在表单数据环境设计器中设置表之间的关系

2. 填空题

（1）_____是反映客观事物属性及行为特征的描述，它可以是_____，也可以是_____。

（2）类是对一组对象的_____的抽象描述，这些对象具有相同的性质。类是

_____,对象是_____。

（3）Visual FoxPro 的基类是系统本身内含的、并不存放在某个类库中。用户可以基于基类创建自己的_____，从而生成所需要的_____。

（4）每个 Visual FoxPro 基类都拥有自己固定的_____。

（5）在进行面向对象程序设计时，一般的设计顺序是首先把_____和_____定义到一个类中，然后再根据需要在这个类的基础上生成一个或多个对象，最后再将这些对象加入到应用程序当中。

（6）调用方法的一般格式是_____。

（7）表单（Form）在 Visual FoxPro 中又称作屏幕（Screen）或窗口，主要用于创建应用程序用户界面，为数据的显示、输入和编辑提供简便直观的方法。表单不是一个普通的窗口，它自身就是一个_____，有相应的_____。

（8）属性窗口由对象_____几部分组成。

（9）数据环境是一个_____，它包含与表单相互作用的_____。

（10）标签是一个图形控件，主要用于显示不能直接被修改的_____，标签文本中可包含的字符不能超过_____个。

（11）在面向对象方法中，类的实例称为_____。

（12）在 Visual FoxPro 中，如果要改变表单上表格对象中当前显示的列数，应设置表格的_____属性值。

（13）在面向对象方法中，_____描述的是具有相似属性与操作的一组对象。

（14）在表单设计器中可以通过_____工具栏中的工具快速对齐表单中的控件。

（15）为使表单运行时在主窗口中居中显示，应设置表单的 AutoCenter 属性值为_____。

（16）在 Visual FoxPro 中，在运行表单时最先引发的表单事件是_____事件。

（17）在 Visual FoxPro 表单中，当用户使用鼠标单击命令按钮时，会触发命令按钮的_____。

（18）在 Visual FoxPro 中，假设表单上有一选项组：⊙男○女，该选项组的 Value 属性值赋为 0。当其中的第一个选项按钮"男"被选中，该选项组的 Value 属性值为_____。

（19）在 Visual FoxPro 表单中，用来确定复选框是否被选中的属性是_____。

（20）在表单中设计一组复选框（CheckBox）控件是为了可以选择_____个或_____个选项。

（21）为了在文本框输入时隐藏信息（如显示"＊"），需要设置该控件的_____属性。

（22）可以使编辑框的内容处于只读状态的两个属性是 ReadOnly 和_____。

（23）命令按钮的 Cancel 属性的默认值是_____。

3. 思考题

（1）如何创建类，类有哪些特征？

（2）怎样通过编程定义类？

（3）如何用表单向导创建单表表单？

（4）怎样设置 Tab 键的次序？

（5）如何在数据环境设计器中添加和移去表或视图？

（6）向表单添加字段有几种方法？

（7）常用的表单事件及表单方法有哪些？

习题 8

1. 单选题

（1）在"报表设计器"中，可以使用的控件是_____。

    A）标签、域控件和线条   B）标签、域控件和列表框

    C）标签、文本框和列表框   D）布局和数据源

（2）为了在报表中打印当前时间，这时应该插入一个_____。

    A）表达式控件   B）域控件

    C）标签控件   D）文件控件

（3）在创建快速报表时，基本带区包括_____。

    A）标题、细节和总结   B）页标头、细节和页注脚

    C）组标头、细节和组注脚   D）报表标题、细节和页注脚

（4）如果要创建一个 3 级分组报表，第一个分组表达式是"部门（c）"，第二个分组表达式是"性别（c）"，第三个分组表达式是"基本工资（N）"，当前索引的索引表达式应当是_____。

    A）部门＋性别＋基本工资   B）部门＋性别＋STR(基本工资)

    C）STR(基本工资)＋性别＋部门   D）性别＋部门＋STR(基本工资)

（5）不能打开"数据环境设计器"窗口操作是_____。

    A）"显示"菜单   B）在报表设计器工具栏

    C）在报表设计器窗口右键单击   D）在控件工具栏

（6）创建报表的命令是_____。

    A）CREATE REPORT   B）MODIFY REPORT

    C）RENAME REPORT   D）DELETE REPORT

（7）在报表设计器中，可以使用的控件有_____。

    A）标签、域控件和线条   B）标签、域控件和列表框

    C）标签、文本框和列表框   D）布局和数据源

（8）用于打印报表中的字段、变量和表达式的计算结果的控件是_____。

    A）报表控件   B）域控件

    C）标签控件   D）图片/OLE 绑定控件

（9）打印报表文件 BB 的命令是_____。

A) REPORT FROM BB TO PRINT   B) DO FROM BB TO PRINT

C) REPORT FORM BB TO PRINT   D) DO FORM BB TO PRINT

(10) 标签文件的扩展名是_____。

    A) .lbx   B) .lbt   C) .prg   D) .frx

(11) 报表标题的打印方式为_____。

    A) 每组打印一次   B) 每列打印一次

    C) 每个报表打印一次   D) 每页打印一次

(12) 标签实质上是一种_____。

    A) 一般报表   B) 比较小的报表

    C) 多列布局的特殊报表   D) 单列布局的特殊报表

(13) 报表设计器的默认带区为_____。

    A) 标题、细节和总结   B) 标题、细节和页注脚

    C) 页标头、细节和页注脚   D) 组标头、细节和组注脚

(14) 关于报表的数据源,下列叙述正确的是_____。

    A) 报表输出的是设计时刻数据源的数值

    B) 报表输出的是输出时刻数据源的数值

    C) 报表的数据源不能为视图

    D) 报表的数据源只能是数据库表

(15) 使用报表设计器设计报表时,若要在报表中添加一个表达式,应使用的报表控件为_____。

    A) 域控件   B) 标签控件

    C) 图片控件   D) ActiveX 绑定控件

(16) 关于报表设计器的总结带区,下列叙述正确的是_____。

    A) 总结带区是报表设计器的默认带区

    B) 总结带区内容由系统自动生成无须设置

    C) 总结带区用于打印在报表结束时要显示的信息

    D) 总结带区用于打印在每页报表结束时要显示的信息

(17) 在报表设计器中可以使用的控件有_____。

    A) 域、标签和 ActiveX 绑定控件   B) 域、标签和文本框控件

    C) 域、标签和组合框控件   D) 域、标签和微调控件

(18) 报表的数据源可以是_____。

    A) 表或视图   B) 表或查询

    C) 表、查询或视图   D) 表或其他报表

(19) Visual FoxPro 的报表文件.FRX 中保存的是_____。

    A) 报表的格式定义   B) 报表的数据源定义

    C) 报表的格式定义和数据源定义   D) 报表的格式和具体输出数据

(20) 对报表格式的文件 PP1 进行预览的命令是_____。

    A) REPORT FORM PP1 PREVIEW

B) REPORT FORM PP1 PROMPT

C) REPORT FORM PP1 PLAIN

D) REPORT FORM PP1

2. 填空题

（1）设计报表通常包括_____和_____两部分内容。

（2）如果已对报表进行了数据分组，报表自动添加的带区是_____和_____带区。

（3）在报表设计器中添加"图片/ActiveX 绑定控件"按钮后，能显示的内容是_____和_____。

（4）多栏报表的栏目数可以通过_____和_____来设置。

（5）建立标签可以使用_____或_____。

（6）数据源通常是数据库中的表，也可以是_____和_____。

（7）报表向导分为_____和_____两种。

（8）_____用于定义报表打印格式。

（9）只有"报表设计器"的_____带区为空时，才能创建快速报表。

（10）创建分组报表需要按_____进行索引或排序，否则不能保证正确分组。

（11）如果在报表中已进行分组，报表布局会自动添加_____和_____带区。

（12）用一对多报表向导创建的一对多报表，把来自两个表中的数据分开显示，父表中的数据显示在_____带区，子表中的数据显示在_____带区。

（13）在 Visual FoxPro 程序设计中，通常通过_____来创建和修改标签。

（14）Visual FoxPro 提供了三种创建报表的方法_____、_____和_____。

（15）Visual FoxPro 6.0 中常用的报表布局类型_____、_____、_____、_____、_____。

（16）报表设计器默认有 3 个带区，每一带区的底部都显示一个标识栏，分别为_____、_____和_____。除了默认的 3 个带区，用户还可以向报表添加_____、_____、_____、_____和_____带区。

（17）要对数据进行分组可首先使用_____建立一个_____，再在_____中利用_____菜单中的_____命令为报表添加一个或多个组。

（18）由于报表是按照数据表或视图中的记录顺序处理数据，要进行数据分组，必须使数据表或视图中的_____与_____。

（19）在命令窗口可以使用命令，_____命令也可以打印或预览指定的报表。

（20）在向多栏报表添加控件时，应注意不要超过报表设计器中_____的宽度，否则可能使打印的内容相互重叠。

3. 思考题

（1）简述报表文件与标签文件的作用。

（2）简述创建报表的步骤。

（3）打开报表设计器窗口的方法。

（4）报表设计器带区及其设置方法。

（5）如何确定报表中的数据源？

（6）简述在报表中添加域控件的方法。

（7）在设计报表时，如何进行页面设置？

（8）简述使用"标签设计器"创建标签的方法。

（9）如何输出报表？

（10）如何在报表内设置多级数据分组？

习题 9

1. 单选题

（1）扩展名为 mnx 的文件是_____。

    A）备注文件   B）项目文件   C）表单文件   D）菜单文件

（2）下列是与设置系统菜单有关的命令，其中错误的是_____。

    A）SET SYSMENU DEFAULT

    B）SET SYSMENU TO DEFAULT

    C）SET SYSMENU NOSAVE

    D）SET SYSMENU SAVE

（3）在 Visual FoxPro 中，要运行菜单文件 menu1.mpr，可以使用命令_____。

    A）DO menu1   B）DO menu1.mpr

    C）DO MENU menu1   D）RUN menu1

（4）在 Visual FoxPro 中，菜单程序文件的默认扩展名是_____。

    A）.mnx   B）.mnt   C）.mpr   D）.prg

（5）在菜单设计中，可以在定义菜单名称时为菜单项指定一个访问键。规定了菜单项的访问键为"x"的菜单名称定义是_____。

    A）综合查询\<（x）   B）综合查询/<（x）

    C）综合查询(\<x)   D）综合查询(/<x)

（6）设计菜单要完成的最终操作是_____。

    A）创建主菜单及子菜单   B）指定各菜单任务

    C）浏览菜单   D）生成菜单程序

（7）将一个预览成功的菜单存盘，再运行该菜单，却不能执行，这是因为_____。

    A）没有放到项目中   B）没有生成

    C）要用命令方式   D）要编入程序

（8）要将文件菜单的热键设置为 F，定义该菜单标题应选择_____。

    A）文件（F）   B）文件（<\F）   C）文件（\<F）   D）文件（^F）

(9) 所谓快捷菜单是指_____。

    A) 当用户在某个对象上单击鼠标右键时弹出的菜单

    B) 运行速度较快的菜单

    C) "快速菜单"的另一种说法

    D) 可以为菜单项指定快速访问的方式

(10) 以下关于菜单的叙述正确的是_____。

    A) 菜单设计完成后必须生成程序代码

    B) 菜单设计完成后不必生成程序代码,可以直接使用

    C) 菜单项的热键和快捷键功能相同

    D) 为表单建立快捷菜单时,调用快捷菜单的命令代码应写在表单的 Init 事件中

(11) 弹出式菜单可以分组,插入分组线的方法是在"菜单名称"项中输入两个字符_____。

    A) −\   B) \−   C) −/   D) /−

(12) 要为表单设计下拉式菜单,需要在菜单设计时,选中"顶层表单"复选框,用于进行该设置的对话框是_____。

    A) 常规选项   B) 菜单选项   C) 选项   D) 生成

(13) 菜单设计器设计菜单时,可以为菜单项设置键盘访问键,方法是在菜单名称的欲设置为访问键的字母前加上两个字符_____。

    A) \<   B) <\   C) /<   D) </

(14) 关于菜单设计,以下叙述正确的是_____。

    A) 用户自定义菜单中不可以插入系统菜单

    B) 菜单项的启动和禁止只能在菜单设计器中设置

    C) 用户自定义菜单中可以插入系统菜单

    D) 为菜单项设置的键盘快捷键只有在菜单被激活的情况下才起作用

(15) 关于菜单程序的初始化代码,下列叙述正确的是_____。

    A) 使用菜单设计器设计菜单时必须添加初始化代码

    B) 运行菜单时,初始化代码在菜单定义代码之后被执行

    C) 运行菜单时,初始化代码在菜单定义代码之前被执行

    D) 初始化代码在菜单选项对话框中设置

2. 填空题

(1) 要为表单设计下拉式菜单,首先需要在进行菜单设计时,在"常规选项"对话框中选择_____复选框;其次要将表单的 Show Window 属性值设置为_____,使其成为顶层表单;最后需要在表单的_____事件代码中添加调用菜单程序的命令。

(2) 要将创建好的快捷菜单添加到控件上,必须在该控件的_____事件中添加执行菜单文件的代码。

(3) 要将 Visual FoxPro 系统菜单恢复成标准配置,可先执行_____命令,然后再

执行＿＿＿＿＿＿＿命令。

(4) 菜单的任务可以是＿＿＿＿、＿＿＿＿、＿＿＿＿。

(5) 菜单的调用是通过＿＿＿＿完成的。

(6) 在命令窗口输入＿＿＿＿命令可以启动菜单设计器。

(7) 用菜单设计器设计的菜单文件的扩展名是＿＿＿＿，生成的可执行的菜单程序文件的扩展名是＿＿＿＿。

(8) 热键和快捷键的区别是使用＿＿＿＿时，菜单必须是处在激活状态。

(9) 在菜单中添加分隔线的方法是插入一个新的菜单项，然后输入＿＿＿＿。

习题 10

1. 单选题

(1) 扩展名为.pjx 的文件是＿＿＿＿。

    A) 数据库表文件   B) 表单文件   C) 数据库文件   D) 项目文件

(2) 向一个项目中添加一个数据库，应该使用项目管理器的＿＿＿＿。

    A) "代码"选项卡   B) "类"选项卡

    C) "文档"选项卡   D) "数据"选项卡

(3) "项目管理器"的"运行"按钮用于执行选定的文件，这些文件可以是＿＿＿＿。

    A) 查询、视图或表单   B) 表单、报表和标签

    C) 查询、表单或程序   D) 以上文件都可以

(4) 在"项目管理器"下为项目建立一个新报表，应该使用的选项卡是＿＿＿＿。

    A) 数据   B) 文档   C) 类   D) 代码

(5) 有关连编应用程序，下面叙述中正确的是＿＿＿＿。

    A) 一个项目可以有多个主文件

    B) 一个项目有且只有一个主文件

    C) 一个项目可以没有主文件

    D) 项目的主文件可设置为排除状态

(6) 在项目管理器中，可以建立命令文件的选项卡是＿＿＿＿。

    A) 数据   B) 文档   C) 类   D) 代码

(7) 打开 Visual FoxPro 项目管理器的"文档"(Docs)选项卡，其中包含＿＿＿＿。

    A) 表单文件   B) 报表文件

    C) 标签文件   D) 以上三种文件

(8) 项目管理器用于显示和管理数据库、自由表和查询等选项卡的是＿＿＿＿。

    A) 数据   B) 文档   C) 代码   D) 其他

(9) 在 Visual FoxPro 中，使用项目管理器创建的项目文件的默认扩展名是＿＿＿＿。

    A).APP   B).EXE   C).PJX   D).PRG

(10) 在项目管理器中,可以建立表单文件的选项卡是_____。

    A) 数据   B) 文档   C) 类   D) 代码

(11) 在项目管理器中,用于显示和管理视图的选项卡是_____。

    A) 数据   B) 文档   C) 代码   D) 其他

(12) 在项目管理器中,可以建立菜单文件的选项卡是_____。

    A) 数据   B) 文档   C) 代码   D) 其他

(13) 在连编项目时,可将项目中的文件设置为"包含"或"排除"状态,关于"包含"和"排除",下列叙述正确的是_____。

    A) 具有"包含"状态的文件,在运行连编后生成的应用程序中是只读的

    B) 具有"包含"状态的文件,在运行连编后生成的应用程序中是可读写的

    C) 具有"排除"状态的文件,在运行连编后生成的应用程序中是只读的

    D) 无论具有何种状态的文件,在运行连编后生成的应用程序中均为可读写的

(14) 关于连编项目,下列叙述正确的是_____。

    A) 连编生成的可执行文件只能是. APP 文件

    B) 连编生成的可执行文件只能是. EXE 文件

    C) 连编生成的可执行文件. APP 只能在 Visual FoxPro 环境下运行

    D) 连编生成的可执行文件. APP 可以脱离 Visual FoxPro 环境而在 Windows 环境中单独运行

(15) 如果添加到项目中的文件标识为"排除",表示_____。

    A) 此类文件不是应用程序的一部分

    B) 生成应用程序时不包括此类文件

    C) 生成应用程序时包括此类文件,用户可以修改

    D) 生成应用程序时包括此类文件,用户不能修改

2. 填空题

(1) 将一个项目编译成一个应用程序时,如果应用程序中包含需要用户修改的文件,必须将该文件标为_____。

(2) 项目管理器的数据选项卡用于显示和管理数据库、查询、视图和_____。

(3) 可以在项目管理器的_____选项卡下建立命令文件(程序)。

(4) 连编应用程序时,如果选择连编生成可执行程序,则生成的文件的扩展名是_____。

3. 操作题

(1) 设在数据库 salarydb 中含有雇员工资表 salarys 和部门表 dept,请完成下列操作。

① 请编写名称为 abc1 的程序并执行,该程序实现下面的功能:将雇员工资表 salarys 进行备份,备份文件名为 bak_salarys. dbf,利用雇员工资调整表 c_salary1 的"工资",对 salarys 表的"工资"进行调整(请注意:按"雇员号"相同进行调整,并且只是部分

雇员的工资进行了调整,其他雇员的工资不动)。

② 设计一个文件名为 form2 的表单,上面有"调整"(名称为 Command1)和"退出"(名称 Command2)两个命令按钮。单击"调整"命令按钮时,调用 change_c 命令程序实现工资调整;单击"退出"命令按钮时,关闭表单。

注意:在两个命令按钮中均只有一条命令,不可以有多余命令。

操作提示:

① 程序 abc1.prg 的内容如下:

```
select * from salarys into table bak_salarys
select 3
use c_salary1 order 雇员号
select salarys
set relation to 雇员号 into c_salary1
replace all 工资 with c_salary1.工资 for 雇员号=c_salary1.雇员号
set relation to
return
```

② 添加两个命令按钮控件没设置第一个命令按钮控件的 Caption 属性为"调整",输入该按钮的 Click 事件命令代码为:do change_c;设置第二个命令按钮控件的 Caption 属性为"退出",输入该按钮的 Click 事件代码为:release thisform。

(2) 设计名为 mystock 的表单(控件名,文件名均为 mystock),要求如下。

① 表单的标题为:"股票持有情况"。表单中有两个文本框(text1 和 text2)和两个命令按钮"查询"(名称为 Command1)和"退出"(名称为 Command2)。

② 运行表单时,在文本框 text1 中输入某一股票的汉语拼音,然后单击"查询",则 text2 中会显示出相应股票的持有数量。

③ 单击"退出"按钮关闭表单。

操作提示:

① 利用表单设计器新建表单,按照题目要求添加两个文本框控件和两个命令按钮控件。

② 设置表单的 Caption 属性为"股票持有情况",Name 属性为"mystock";分别设置两个命令按钮控件的 Caption 属性为"查询"和"退出"。

③ 设置"查询"按钮的 Click 事件代码如下:

```
pinyin=alltrim(thisform.text1.value)
open database stock
use stock name
locate for 汉语拼音=pinyin
if found()
    select 持有数量,股票简称 from stock s1,stock name;
    where 汉语拼音=pinyin and stock s1.股票代码=stock name.股票代码;
    into array a
  thisform.text1.value=a[2]
```

```
thisform.text2.value=a[1]
else
    wait "没有查询到,请重输"window timeout 2
endif
```

④ 设置"退出"按钮的 Click 事件代码如下：

```
tisiform.release
```

⑤ 将表单以文件名 mystock 保存。

（3）设计名为 mysupply 的表单（表单的控件名和文件名均为 mysupply），要求如下。

① 表单的标题为"零件供应情况"。表单中有一个表格控件和两个命令按钮"查询"（名称为 Command1）和"退出"（名称为 Command2）。

② 运行表单时，单击"查询"命令按钮后，表格控件（名称 grid1）中显示了工程号"J4"所使用的零件名、颜色、和重量。

③ 单击"退出"按钮关闭表单。

操作提示：

① 利用表单设计器新建表单，设置表单的 Caption 属性为"零件供应情况"、Name 属性为"mysupply"。

② 向表单中添加一个表格控件，修改该控件的 RecordSourceType 属性为"查询"和"退出"，其中"查询"按钮的 Click 时间代码为：

```
thisform.grid1.recordSource= "select distinct;
零件名,颜色,重量 from 零件,供应;
where 零件.零件号=供应.零件号 and 工程号='J4';
into cursor 1sb"
```

③ "退出"按钮的 Click 事件代码为：

```
thisform.release
```

④ 以文件名 mysupple 保存表单。

（4）设计名为 form_book 的表单（控件名为 form1，文件名为 form_book），要求如下。

① 表单的标题设为"图书情况统计"。表单中有一个组合框（名称为 Combo1）、一个文本框（名称为 Text1）和两个命令按钮"统计"（名称为 Command1）和"退出"（名称为 Command2）。

② 运行表单时，组合框中有三个条目"清华"、"北航"、"科学"（只有三个出版社名称，不能输入新的）可供选择，在组合框中选择出版社名称后。

③ 单击"统计"命令按钮，则文本框显示出"图书"表中该出版社图书的总数。

④ 单击"退出"按钮关闭表单。

操作提示：

① 利用表单设计器新建表单，设计表单的 Caption 属性为"图书情况统计"。

② 向表单添加一个组合框控件，设置组合框 Combol 的 ControlSource 属性值为

"cox"，RowSourceType 为"5-数组"，RowSource 属性值为"ma"，Style 属性值为"2-下拉列表框"。

③ 向表单添加一个文本框控件。

④ 向表单添加两个命令按钮控件，分别设置它们的 Caption 属性为"统计"和"退出"。

⑤ 设置表单的 Load 事件代码为：

```
public ma(3),cox
open database 图书
cox=1
ma(1)="清华"
ma(2)="北航"
ma(3)="科学"
```

⑥ 表单 Destory 事件代码为：

```
release cox,ma
close database
```

⑦ "统计"按钮的 Click 事件代码为：

```
select count(*)from book where 出版社=ma(cox)into array a
Thisform.text1.value=a
```

⑧ "退出"按钮的 Click 事件代码为：

```
thisform.release
```

⑨ 以文件名 form_book 保存。

（5）利用菜单设计器建立菜单 TJ-MENU3，要求如下。

① 主菜单（条形菜单）的菜单项包括"统计"和"退出"两项。

② "统计"菜单下只有一个菜单项"平均"，该菜单项的功能是统计各门课程的平均成绩，统计结果包括"课程名"和"平均成绩"两个字段，并将统计结果按课程名升序保存在表 NEW-TABLE32 中。

③ "退出"菜单项的功能是返回 VFP 系统菜单（在命令框写出相应命令）。

操作提示：

① 利用菜单设计器建立新菜单，新建菜单项"统计"的结果列选择"子菜单"。

② 单击创建按钮新建子菜单，子菜单名为"平均"，该菜单项的结果列为"过程"，其过程代码如下：

```
SELECT 课程名,AVG(成绩)平均成绩 FROM COURSE,SCORE1;
WHERE COURSE.课程号=SCORE1.课程号 GROUP BY SCOURE1.课程号;
ORDER BY 课程名 INTO TABLE NEW-TABLE32
```

③ 菜单栏"退出"的结果列为"命令"，该命令为 set sysmenu to defa。

④ 将菜单以文件名 TJ-MENU3 保存并生成菜单。

⑤ 利用程序菜单的运行菜单运行生成菜单 TJ-MENU。

⑥ 选择"统计"菜单下的"平均"生成表 NEW-TABLE32。

（6）建立一个表单 stock_form，要求如下。

① 在表单 stock_form 建立两个表格控件，第一个表格控件名称是 grdStock_name，用于显示表 stock_name 中的记录，第二个表格控件名称为 grdStock_sl，用于显示与表 stock_name 中当前记录对应的 stock_sl 表中的记录。

② 在表单中添加一个关闭命令按钮（名称为 Command1），要求单击按钮时关闭表单。

操作提示：

① 利用表单设计器新建表单 stock_form。

② 设置表单的数据环境，将 stock_name 和 stock_sl 表（以上两表均含股票代码字段）添加到表单的数据环境中，利用股票代码字段为两个表建立关联，然后直接从数据环境中将表拖放到表单，调整每个表格控件的大小和位置。

③ 向表单添加一个命令按钮控件，设置该控件的 Caption 属性为"关闭"，其 Click 事件代码为：

```
thisform.release
```

④ 以文件名 stock_form 保存表单。

（7）设计一个表单名和文件名均为 currency_form 的表单，所有控件的属性必须在表单设计器的属性窗口中设置，要求如下。

① 表单的标题为："外币市情况"。表单中有两个文本框（text1 和 text2）和两个命令按钮"查询"（command1）和"退出"（command2）。

② 运行表单时，在文本框 text1 中输入某人的姓名，然后点击"查询"，则 text2 中会显示出他所有的全部外币相当于人名币的数值。注意：某种外币相当于人名币数量的计算公式：人名币数质量＝该种外币的"现钞买入价"＊该种外币"持有数量"。

③ 单击"退出"按钮时关闭表单。

操作提示：

① 利用表单设计器新建表单，设置表单的 Name 属性为"currency_form"，Caption 属性为"外币市值情况"。

② 向表单中添加两个文本框控件。

③ 向表单中添加两个命令按钮控件，分别设置两个命令按钮控件的 Caption 属性为"查询"和"退出"。

④ "查询"按钮的 Click 事件的代码如下：

```
name=alltrim(thisform.text1.value)
open database rate
use currency _sl
locate for 姓名=name
summ=0
```

```
do while not eof()
    select 现钞买入价 from rate_exchange;
    where rate_exchange.外币代码=currency_sl.外币代码:
    summ=summ+a[1] * currency_sl 持有数量
    continue
enddo
thisform.text2.value= summ
```

⑤ "退出"按钮的 Click 事件代码为:

```
thisform.release
```

⑥ 将表单以文件名 currency_form 保存。

(8) 设计一个文件名和表单名均为 myrate 的表单,要求如下。

① 所有的控件的属性必须在表单设计器的属性窗口中设置。表单的标题为"外汇持有情况"。

② 表单中有一个选项组控件(命名为 myOption)和两个命令按钮"统计" (command1)和"退出"(command2)。其中,选项组控件有三个按钮"日元"、"美元"和"欧元"。

③ 运行表单时,首先在选项组控件中选择"日元"、"美元"或"欧元",单击"统计"命令按钮后,根据选项组控件的选择将持有相应外币的人的姓名和持有数量分别存入 rate_ry. dbf(日元)或 rate_my. dbf(美元)或 rate_oy(欧元)中。

④ 单击"退出"按钮时关闭表单。

操作提示:

① 利用表单设计器新建表单,设置表单的 Caption 属性为"外汇持有情况",Name 属性为"myrate"。

② 向表单添加一个选项按钮组控件,设置该控件的 Name 属性为"myOption", ButtonCount 属性为"3",在该控件上单击鼠标右键,在弹出的快捷菜单中选择"编辑", 分别设置没一个选项按钮(Option)的 Caption 属性为"日元"、"美元"、"欧元"。

③ 向表单中添加两个命令按钮控件,分别设置没一个命令按钮的 Caption 属性为 "统计"和"退出",其中"统计"按钮的 Click 事件代码如下:

```
if thisform.myOption.value=1
    select 姓名,持有数量 from currency_sl;
    where currency_sl.外币代码="27" into dbf rate_ry
else
    if thisform.myOption.value=2
        select 姓名,持有数量 from currency_sl;
        where currency_sl.外币代码="14" into dbf rate_my
    else
        select 姓名,持有数量 from currency_sl;
        where currency_sl.外币代码="38" into dbf rate_my
    endif
```

endif

　　④ "退出"按钮的 Click 事件代码为：

```
thisform..release
```

　　⑤ 最后将表单以文件名 myrate 保存。

　　(9) 设计名为 mystu 的表单(文件名为 mystu，表单名为 form1)，所有控件的属性必须在表单设计器的属性窗口中设置，要求如下。

　　① 表单的标题为"计算机系学生选课情况"。

　　② 表单中有一个表格控件(Grid1)，该控件的 RecordSourceType 的属性设置为 4 (SQL 说明)和两个命令按钮"查询"(command1)和"退出"(command2)。

　　③ 运行表单时，单击"查询"命令按钮后，表格控件中显示 6 系(系字段值等于字符 6) 的所有学生的姓名、选修的课程名和成绩。

　　④ 单击"退出"按钮后关闭表单。

　　操作提示：

　　① 利用表单设计器新建表单，设置表单的 Caption 属性为"计算机系学生选课情况"。

　　② 向表单添加一个表格控件，设置该控件的 RecordSourceType 属性为"4-SQL 说明"。

　　③ 向表单添加两个命令按钮控件，分别设置它们的 Caption 属性为"查询"和"退出"，其中"查询" 按钮的 Click 事件代码如下：

```
thisform.grid1.recordSource="SELECT DISTINCT 学生.姓名,课程.课程名称,选课.成绩;
FORM 学生!课程 INNER JOIN 学生!选课;
INNER JOIN 学生!学生;
   ON 学生.学号=选课.学号;
   ON 课程.课程号=选课.课程号;
WHERE 学生.系='6' into cursor 1sb"
```

　　"退出"按钮的 Click 事件代码如下：

```
thisform.release
```

　　④ 将表单以文件名 mystu 保存。

　　(10) 设计一个文件名和表单名均为 form_item 的表单，所有控件的属性必须在表单设计器的属性窗口中设置，要求如下。

　　① 表单的标题为"使用零件情况统计"。

　　② 表单中有一个组合框(combo1)、一个文本框(text1)和两个命令按钮"统计"(command1)和"退出"(command2)。

　　③ 运行表单时，组合框中有三个条目"s1"、"s2"、"s3"(只有三个，不能输入新的，RowSourceType 的属性为"数组"，Style 的属性为"下拉列表框")可供选择，单击"统计"命令按钮以后，则文本框显示出该项目所用的所有零件的金额(某种零件的金额＝单价＊

数量）。

④ 单击"退出"按钮关闭表单。

操作提示：

① 利用表单设计器新建表单，设置表单的 Caption 属性为"使用零件情况统计"，Name 属性为"form_item"。

② 向表单添加一个组合框控件，设置组合框 Combo1 的 ControlSiurce 属性值为"cox"，RowSourceType 为"5-数组"，RowSource 属性值为"ma"，Style 属性值为"2-下拉列表框"。

③ 向表单添加一个文本框控件；向表单添加两个命令按钮控件，分别设置它们的 Caption 属性为"统计"和"退出"。

④ 设置表单的 Load 事件码如下：

```
public ma(3),cox
open database 使用零件情况
cox=1
ma(1)="s1"
ma(2)="s2"
ma(3)="s3"
```

⑤ 表单 Destory 事件代码如下：

```
release cox,ma
close database
```

⑥ "统计"按钮的 Click 事件代码如下：

```
select sum(单价*数量) from 项目信息,使用零件,零件信息;
where 项目信息.项目号=使用零件.项目号;
and 使用零件.零件号=零件信息.零件号;
and 使用零件.项目号=ma(cox) into array a form_item.value=a(1)
```

⑦ "退出"按钮的 Click 事件代码为：

```
thisform.release
```

⑧ 以文件名 form_item 保存表单。

(11) 设计一个文件名和表单名均为 rate 的表单，要求如下。

① 表单的标题为"外汇汇率查询"，如图 A-1 所示。

② 表单中有两个下拉列表框（Combo1 和 Combo2），这两个下拉列表框的数据源类型（RowSourceType 属性）均为字段，且数据源（RowSource 属性）分别是外汇汇率表的"币种 1"和"币种 2"字段。

③ 添加币种 1（Label1）和币种 2（Label2）两个标签以及两个命令按钮"查 询"（Command1）和"退 出"（Command2）。

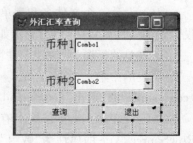

图 A-1　第 11 题图示

④ 运行表单时,首先从两个下拉列表框选择币种,然后单击"查询"按钮用 SQL 语句从外汇汇率表中查询相应币种(匹配币种 1 和币种 2)的信息。

⑤ 将结果储存到表 temp_rate 中。

⑥ 单击"退出"按钮关闭表单。

操作提示:

① 利用表单设计器建立表单,修改表单的 Name 属性为"rate",Caption 属性为"外汇汇率查询"。

② 添加 2 个标签控件,设置它们的 Caption 属性分别为"币种 1"和"币种 2"。

③ 设置表单的数据环境,添加 2 个组合框控件,设置它们的 RowSourceType 属性为"6-字段",并依次设置它们的 RowSource 属性值为"币种 1"和"币种 2"。

④ 添加两个命令按钮控件,分别设置它们的 Caption 属性为"查询"和"退出"。

⑤ 编辑命令按钮"查询"的 Click 时间代码如下:

```
select * from 外汇汇率;
where 币种 1=thisform.Combo1.value;
and 币种 2=thisform.Combo2.value into table temp_rate
```

⑥ 命令按钮"退出"的 Click 时间代码为:

```
thisform.release
```

⑦ 将表单保存为 rate。

(12) 建立表单,表单文件名和表单名均为 myform_a,表单标题为"商品浏览",表单样例如图 A-2 所示,要求如下。

① 用选项按钮组(OptionGroup1)控件选择商品分类(饮料(Option1)、调味品(Option 2)、酒类(Option 3)、小家电(Option 4))。

② 单击"确定"(Command2)命令按钮,显示选中分类的商品,要求使用 DO CASE 语句判断选择的商品分类,如图 A-3 所示。

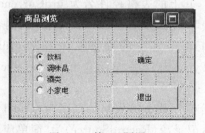
图 A-2 第 12 题图 1

图 A-3 第 12 题图 2

③ 在图 A-3 所示界面中按 Ese 键返回图 A-2 所示界面。

④ 单击"退出"(Command1)命令按钮,关闭并释放表单。

注意:选项按钮组控件的 Value 属性必须为数值型。

操作提示:

① 利用表单设计器建立表单,修改表单的 Name 属性为"myform_a",Caption 属性

为"商品浏览"。

② 添加 1 个选项按钮组控件,设置它的 ButtonCount 属性分别为"4",按照题目要求依次修改每一个选项按钮的 Caption 属性为"饮料"、"调味品"、"酒类"、"小家电";添加两个命令按钮控件,其中 Command1 按钮的 Caption 属性为"退出",Command2 按钮的 Caption 属性为"确定"。

③ 编辑命令按钮"确定"的 Click 事件代码如下:

```
do case
    case thisform.optiongroup1.value=1
        select * from 商品 where 分类编码="1001"
    case thisform.optiongroup1.value=2
        select * from 商品 where 分类编码="2001"
    case thisform.optiongroup1.value=3
        select * from 商品 where 分类编码="3001"
    case thisform.optiongroup1.value=4
        select * from 商品 where 分类编码="4001"
endcase
```

④ 编辑命令按钮"退出"的 Click 事件代码为:

```
thisform.release
```

⑤ 将表单保存为 myform_a。

(13) 设计一个满足如下要求的应用程序,所有控件的属性必须在表单设计器的属性窗口中设置,要求如下。

① 建立一个表单,表单文件名和表单名均为 form1,表单标题为"外汇"。

② 表单中含有一个页框控件(PageFrame1)和一个"退出"命令按钮(Command1)。

③ 页框控件(PageFrame1)中含有三个页面,每个页面都通过一个表格控件显示有关信息:

- 第一个页面 Page1 上的标题为"持有人",其上的表格控件名为 grdCurrency_sl,记录源的类型(RecordSourceType)为"表",显示自由表 currency_sl 中的内容。
- 第二个页面 Page2 上的标题为"外汇汇率",其上的表格控件名为 grdRate_exchange,记录源的类型(RecordSourceType)为"表",显示自由表 rate_exchange 中的内容。
- 第三页面 Page3 上的标题为"持有量及价值",其上的表格控件名为 Grid 1,记录源的类型(RecordSourceType)为"查询",记录源(RecordSource)为"简单应用"题目中建立的查询文件 query。

④ 单击"退出"命令按钮(Command)关闭表单。

操作提示:

① 利用表单设计器新建表单,设置表单的 Caption 属性为"外汇"。

② 为表单设置数据环境,将表 currency_sl 和 rate_exchange 添加到表单数据环境中。

③ 向表单添加一个页框控件(PageFramel),设置该控件的 PageCount 的属性为"3",右键单击该控件,选择编辑,进入到页面的编辑状态;设置页面(Page1)的 Caption 属性为"持有人"。

④ 从数据环境中将表 currency_sl 拖放到该页面生成的一个表格控件,设置该表格控件的 RecordSourceType 为"0-表"。

⑤ 设置页面(Page3)的 Caption 属性为"持有量及价值",为该页面添加一个表格控件,设置该表格控件的 RecordSourceType 为"3-查询(. QPR)",RecordSourceType 为"query"。

⑥ 为表单添加一个命令按钮控件(Command1),设置该控件的 Caption 属性为"退出"。

⑦ 保存表单为 forml。

(14) 建立一个表单,表单文件名和表单控件名均为 myform_c,表单标题为"职工订单信息",要求如下。

① 在该表单中建立三个文本为职工号(Label1)、姓名(Label2)和性别(Label3)的标签,还有三个对应的文本框 Text1、Text2 和 Text3,和一个表格控件 Grdorders,如图 10-4 所示。

② 程序运行时,在文本框 Text1 中输入一个职工号的值,并单击 DO(Command1)按钮,然后再 Text2 文本框中显示职工的姓名,在 Text3 文本框中显示职工的性别,在表格控件(Grdorders)中显示该职工的订单(orders 表)的信息。

③ 单击 Close 命令按钮(Command2)关闭表单。

注意:在表单设计器中将表格控件 Grdorders 的数据源类型设置为 SQL 语句。

操作提示:

① 利用表单设计器建立表单,修改表单的 Name 属性为"myform_c",Caption 属性为"职工订单信息"。

② 按照图 A-4 中所示位置添加 3 个标签控件,并依次设置它们的 Caption 属性为"职工号"、"姓名"和"性别"。

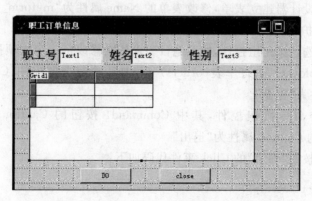

图 A-4 第 14 题图示

③ 按照图 A-4 中所示位置添加 3 个文本框控件；添加一个表格控件，修改它的 Name 属性为"Grdorders"，设置 RecordSourceType 属性为"4-SQL 说明"；添加 2 个命令按钮控件，分别设置它们的 Caption 属性为"Do"和"Close"。

④ 编辑命令按钮"Do"的 Click 事件代码如下：

```
close all
a=alltrim(thisform.Text1.value)
use employee
loca for 职工号=a
thisform.Text2.value=姓名
thisform.Text3.value=性别
thisform.Grdorders.recordsource="sele * from orders where 职工号==a into cursor temp"
```

⑤ 编辑命令按钮"Close"的 Click 事件代码如下：

```
thisform.release
```

⑥ 将表单保存为 myform_c。

(15) 建立一个表单，表单文件名和表单控件名均为 myform_db，表单标题为"数据浏览和维护"，表单样例如图 A-5 所示，要求如下。

① 用选项按钮组（Option2）（注意：括号使用全角符号）。

② 用复选框（Check1）控件确定显示的表是否需要存盘。

③ 单击"确定"（Command1）命令按钮，若"存盘"复选框被选中，则用 SQL 语句将选项组指定的表的内容存入表 temp 中，否则用 SQL 语句显示该表的内容。

图 A-5　第 15 题图示

④ 单击"退出"（Command2）命令按钮，关闭并释放表单。

操作提示：

① 利用表单设计器建立表单，修改表单的 Name 属性为"myform_db"，Caption 属性为"数据浏览和维护"。

② 添加 1 个选项按钮组控件，按照题目要求依次修改每一个选项按钮的 Caption 属性为"职工表（employee）"、"订单表（orders）"；添加 1 个复选框控件（Check1），设置该控件的 Caption 属性为"存盘"。

③ 添加 2 个命令按钮控件，其中 Command1 按钮的 Caption 属性为"确定"，Command2 按钮的 Caption 属性为"退出"。

④ 编辑命令按钮"确定"的 Click 事件代码如下：

```
if thisform.OptionGroup1.value=1
    if thisform.check1.value=1
    sele * from employee into table temp
```

```
        else
    sele * from employee
        endif
    else
        if thisform.check1.value=1
    sele * from orders into table temp
    else
        sele * from orders
    endif
endif
```

⑤ 编辑命令按钮"退出"的 Click 事件代码如下：

thisform.release

附录B

习题参考答案

本书仅提供单选题和填空题的部分答案,以及编程题的参考程序,简答题答案请参考教材或咨询教师。

习题1参考答案

1. 单选题

(1) A	(2) B	(3) D	(4) C	(5) C	(6) B
(7) B	(8) D	(9) D	(10) C	(11) A	(12) D
(13) B	(14) A	(15) C	(16) A	(17) A	(18) B
(19) A	(20) B	(21) B	(22) A	(23) D	(24) D
(25) D	(26) D	(27) D	(28) B	(29) A	(30) A

2. 填空题

(1) 数据库系统　　　　　(2) 元组

(3) 数据库管理系统　　　(4) 关系

(5) 数据定义语言　　　　(6) 逻辑设计

(7) 分量　　　　　　　　(8) 多对多

(9) 多对多　　　　　　　(10) 属性,数据

(11) 可感知的、可存储的、可传递的、可加工和再生的、源于物质和能量、信息是有用的

(12) 采集、整理、存储、分类、排序、检索、维护、加工、统计和传输

(13) 模拟,抽象,特征的抽象

(14) $1:n$

(15) 二维表

(16) 数据库后,硬件系统,数据库集合,数据库管理系统及相关软件,数据库管理员用户

(17) 面向对象数据库,分布式数据库,演绎数据库

(18) 采用嵌入式 SQL,采用 API 接口,采用 ODBC 接口

(19) 外部关键字

习题 2 参考答案

1. 单选题

(1) D　(2) C　(3) A　(4) B　(5) C　(6) A　(7) C　(8) B

2. 填空题

(1) 标题栏,菜单栏,常用工具栏,状态栏,命令窗口,主窗口工作区

(2) 命令方式,可视化操作方式

(3) 文件,数据,文档,Visual FoxPro 6.0 对象,程序,表单,菜单,数据库,报表,查询

(4) 表设计器,数据库设计器,查询设计器,视图设计器,表单设计器,报表设计器,标签设计器,菜单设计器

(5) 项目,数据库,表,视图,查询,表单,报表,标签,程序,菜单,类

习题 3 参考答案

1. 单选题

(1) A	(2) B	(3) D	(4) A	(5) D
(6) C	(7) C	(8) D	(9) B	(10) A
(11) D	(12) A	(13) B	(14) D	(15) D
(16) D	(17) B	(18) B	(19) B	(20) C
(21) C	(22) A	(23) A	(24) D	(25) C
(26) D	(27) B	(28) C	(29) A	(30) D
(31) C	(32) D	(33) A	(34) B	(35) C
(36) C	(37) D	(38) C	(39) D	(40) B
(41) A	(42) B	(43) D	(44) B	(45) A
(46) A	(47) C	(48) C	(49) C	(50) D
(51) D	(52) A	(53) C	(54) B	(55) B
(56) C	(57) A	(58) B	(59) B	(60) D
(61) B	(62) A	(63) B	(64) D	(65) C
(66) C	(67) A	(68) C	(69) C	(70) A
(71) A	(72) B	(73) B	(74) C	(75) B
(76) C	(77) A	(78) C	(79) A	(80) A

(81) C	(82) B	(83) B	(84) B	(85) A
(86) C	(87) C	(88) C	(89) D	(90) A

2. 填空题

(1) 字符型,数值型,浮点型,双精度型,整型,货币型,日期型,日期时间型,逻辑型,备注型,通用型,二进制字符型,二进制备注型

(2) 字符型,数值型,货币型,日期型,日期时间型,逻辑型,通用型

(3) 数值型常量,字符型常量,日期型和日期时间型常量,逻辑型常量,货币型常量

(4) 内存变量,数组变量,字段变量,系统变量

(5) 算术表达式,字符表达式,关系表达式,日期或日期时间表达式,逻辑表达式

(6) LOCATE/CONTINUE,FIND,SEEK,FOUND()

(7) 字符,空串　　　　　　　　(8) 数值型或 N 型

(9) 数值型或 N 型　　　　　　(10) 局部变量

(11) 2　　　　　　　　　　　(12) 逻辑

习题 4 参考答案

1. 单选题

(1) A	(2) D	(3) B	(4) D	(5) B
(6) D	(7) A	(8) C	(9) C	(10) B
(11) C	(12) C	(13) B	(14) C	(15) A
(16) B	(17) B	(18) A	(19) A	(20) D
(21) D	(22) D	(23) C	(24) D	(25) D
(26) C	(27) A	(28) A	(29) B	(30) B
(31) D	(32) C	(33) A	(34) B	(35) D
(36) B	(37) C	(38) C	(39) B	(40) A
(41) B	(42) B	(43) C	(44) B	(45) D
(46) A	(47) B	(48) D	(49) B	(50) A
(51) C	(52) B	(53) B	(54) A	(55) D
(56) D	(57) B	(58) B	(59) A	(60) A
(61) C	(62) B	(63) C	(64) B	(65) A
(66) B	(67) B	(68) C	(69) A	(70) B
(71) C	(72) A	(73) A	(74) B	(75) A
(76) D	(77) C	(78) D	(79) B	(80) D
(81) B	(82) B	(83) C	(84) D	(85) D
(86) C	(87) A	(88) A	(89) A	(90) B
(91) D	(92) D	(93) D	(94) C	(95) D

(96) D	(97) C	(98) B	(99) A	(100) D
(101) D	(102) D	(103) D	(104) A	(105) D
(106) D	(107) D	(108) C	(109) C	(110) C
(111) D	(112) B	(113) B	(114) D	(115) B
(116) D	(117) B	(118) D	(119) C	(120) C
(121) D	(122) C	(123) D	(124) B	(125) D
(126) C	(127) D	(128) B	(129) A	(130) D
(131) C	(132) A	(133) C	(134) C	(135) D
(136) B	(137) A	(138) A	(139) A	(140) C

2. 填空题

(1) 32767

(2) . DBC,. DBF

(3) 全部或代码

(4) CREATE

(5) 设置工作环境

(6) 工作区号,当前工作区

(7) 任何数据库

(8) 一

(9) 更新、删除、插入

(10) 是否满足插入规则

(11) 参照完整性

(12) 逻辑

(13) 子表

(14) 唯一,一,多

(15) 主,普通

(16) 一对一,一对多,子表

(17) dbc

(18) 主关键字或候选关键字

(19) 备注

(20) 数据库

(21) 当前

(22) .T.

(23) 不能

(24) PACK

(25) MODIFY STRUCTURE

(26) 主

(27) 1234

(28) 身份证号

(29) 选择

(30) {^2009-03-03}

(31) 忽略

(32) 数据库表

(33) 逻辑型

(34) 实体

习题 5 参考答案

1. 单选题

(1) A	(2) A	(3) C	(4) C	(5) C
(6) B	(7) A	(8) D	(9) A	(10) D
(11) B	(12) D	(13) B	(14) D	(15) A
(16) A	(17) D	(18) C	(19) D	(20) A
(21) B	(22) C	(23) A	(24) B	(25) A

(26) C	(27) D	(28) A	(29) D	(30) D
(31) A	(32) D	(33) B	(34) B	(35) D
(36) A	(37) A	(38) A	(39) D	(40) C
(41) C	(42) D	(43) B	(44) B	(45) D
(46) B	(47) A	(48) D	(49) A	(50) A
(51) B	(52) C	(53) D	(54) C	(55) C
(56) D	(57) A	(58) C	(59) D	(60) A
(61) C	(62) B	(63) A	(64) C	(65) B
(66) D	(67) A	(68) B	(69) C	(70) A
(71) D	(72) A	(73) A	(74) A	(75) D
(76) B	(77) A	(78) B	(79) D	(80) D
(81) D	(82) B	(83) B	(84) A	(85) D
(86) A	(87) D	(88) D	(89) C	(90) A
(91) A	(92) D	(93) A	(94) A	(95) A
(96) D	(97) D	(98) D	(99) D	(100) D
(101) C	(102) C	(103) D	(104) D	(105) A
(106) D	(107) A	(108) C	(109) B	(110) D
(111) D	(112) D	(113) A	(114) D	(115) A
(116) C	(117) C	(118) C	(119) D	(120) C
(121) D	(122) A	(123) B	(124) C	(125) C
(126) D	(127) A	(128) A	(129) D	(130) A
(131) D	(132) B	(133) D	(134) A	(135) B

2. 填空题

(1) 更新

(2) 表,视图

(3) 本地视图,远程视图

(4) 数据表,远程

(5) 联接类型

(6) 可用字段

(7) 打开

(8) 条件

(9) 更新

(10) INSERT,SELECT

(11) ALTER,UPDATE

(12) INTO CURSOR

(13) RENAME,ADD

(14) LIKE,%,_

(15) GROUP BY,ORDER BY

(16) DISTINCT

(17) 降序,升序

(18) BETWEEN,IN

(19) 视图

(20) DROP VIEW MYVIEW

(21) GROUP BY

(22) ADD,CHECK

(23) ON

(24) UPDATE,SET

(25) DISTINCT

(26) INTO CURSOR

(27) PRIMARY KEY

(28) CHECK

(29) HAVING   (30) NOT EXISTS

(31) ORDER BY   (32) UNION

(33) 查询(或数据查询)   (34) SUM(工资)

(35) INSERT INTO   (36) INTO TABLE (或 INTO DBF)

(37) NULL   (38) 远程视图

(39) 更新条件   (40) COLUMN

(41) TOP 10, DESC   (42) ALTER

(43) IS NULL   (44) GROUP BY

(45) DISTINCT   (46) UPDATE

(47) DISTINCT   (48) LIKE

(49) PRIMARY KEY   (50) AGE IS NULL

(51) to   (52) 全部

(53) into cursor

习题 6 参考答案

1. 单选题

(1) B	(2) B	(3) C	(4) D	(5) D
(6) B	(7) C	(8) A	(9) B	(10) B
(11) A	(12) C	(13) D	(14) B	(15) B
(16) D	(17) B	(18) C	(19) A	(20) B
(21) D	(22) B	(23) D	(24) D	(25) D
(26) B	(27) B	(28) A	(29) D	(30) A
(31) D	(32) B	(33) C	(34) C	(35) C
(36) C	(37) C	(38) D	(39) B	(40) D
(41) A	(42) A	(43) D	(44) C	(45) A
(46) B	(47) A	(48) B	(49) C	(50) B
(51) A	(52) C	(53) A	(54) D	(55) D
(56) C	(57) A	(58) B	(59) D	(60) A
(61) A	(62) C	(63) D	(64) C	(65) D

2. 填空题

(1) 能够完成一定任务的命令,程序文件,命令文件

(2) 注释语句或 / * <注释内容>,注释子句或命令 && <注释内容>

(3) RETURN 命令,CANCEL 命令,QUIT 命令

(4) FOR…ENDFOR,SCAN…ENDSCAN,DO WHILE

(5) 显式传递,隐式传递

(6) 不带参数的子程序

(7) 同一个程序文件,过程文件

(8) 128,先打开过程文件

(9) 顺序结构,选择结构,循环结构

(10) Ctrl＋W,ESC,Ctrl＋Q

(11) 字符型,引号

(12) 任何,字符型

(13) ?,??

(14) SET TALK OFF,SET TALK ON

(15) ENDIF,IF

(16) EXIT,LOOP,任何

(17) SCAN

(18) 循环嵌套

(19) 主程序,子程序

(20) RETURN

(21) 公共变量或全局变量,私有变量

(22) 公共或全局,私有,局部

(23) 屏蔽上层模块变量,PRIVATE＜内存变量名表＞

(24) 18　　−2　　−2

(25) Y＝1

(26) 6　1　2　2　75

(27) 1　2　3

　　　2　4　6

(28) 5　　15

(29) ******

　　　　******

　　　　　******

　　　　　　******

　　　　　　　******

(30) 12　　　10

　　　3　　　10

(31)　　　　　　1

　　　　　1　　1

　　　1　2　1

1　3　3　1

(32) KROW　　　　(33) 13

(34) EXIT　　　　(35) LOCAL

3. 编程题

（1）

```
SET TALK OFF
STORE 0 TO X,Y,Z
INPUT "输入 X 的值:" TO X
INPUT "输入 Y 的值:" TO Y
DO CASE
  CASE X<Y
    Z=X+Y
  CASE X=Y
    Z=X*Y
  CASE X>Y
    Z=X-Y
ENDCASE
? "Z=",Z
SET TALK ON
```

（2）

```
SET TALK OFF
CLEAR
USE A:职工
STORE 0 TO NL
DO WHILE .NOT.EOF()
STORE YEAR(DATE())-YEAR(出生年月) TO NL
IF NL>40.AND.NL<50
  DISP 姓名,职称,简历
ENDIF
SKIP
ENDDO
MESSAGEBOX("所有符合条件记录显示完毕",0)
RETURN
```

（3）

```
SET TALK OFF
CLEAR
STORE 0 TO  N,S
FOR I=1 TO 100 STEP 2
IF MOD(I,2)!=0
    S=S+I
    N=N+1
ENDIF
ENDFOR
```

```
?"奇数之和=",S
?"奇数个数=",N
SET TALK ON
```

（4）

```
SET TALK OFF
CLEAR
DIME A(20)
STORE 0 TO S,AVE
FOR I=1 TO 20
INPUT "请输入成绩: " TO A(I)
    STORE S+A(I) TO S
ENDFOR
STORE S/20 TO AVE
?"平均成绩=",AVE
SET TALK ON
RETURN
```

（5）

```
SET TALK OFF
CLEAR
DIME A(20,5),B(20)
STORE 0 TO A
FOR I=1 TO 20
  STORE 0 TO S
  FOR J=1 TO 5
    INPUT "输入成绩: " TO A(I,J)
ENDFOR
  FOR J=1 TO 5
    STORE S+A(I,J) TO S
  ENDFOR
  STORE S/5 TO B(I)
ENDFOR
STORE 0 TO S
FOR I=1 TO 6
  STORE S+B(I) TO S
ENDFOR
?"全班总平均分=",S/6
SET TALK ON
RETURN
```

（6）

```
SET TALK OFF
CLEAR
```

```
STORE 0 TO S,T1
INPUT "输入 N1 的值: " TO N1
DO FAC WITH N1,T1
? "T1=",T1
RETURN
PROCEDURE FAC
PARAMETERS N,T
T=1
DO WHILE N>0
    T=T*N
    N=N-1
ENDDO
RETURN
```

(7)

```
SET TALK OFF
CLEAR
STORE " " TO ZGH,XM
STORE 'Y' TO A
USE 职工
DO WHILE A='Y'
ACCE "输入要查找的职工号: " TO ZGH
LOCATE FOR 职工号=ZGH
   IF FOUND()
     DISP
     EXIT
   ELSE
     ACCE "输入查找的姓名: " TO XM
     LOCATE FOR 姓名=XM
       IF FOUND()
        DISP
        EXIT
       ENDIF
   ENDIF
   WAIT   "是否开始又一次的查找?" TO A
        IF LOWER(A)='Y'
         LOOP
        ELSE
        EXIT
        ENDIF
ENDDO
CLEAR
  SET TALK ON
  RETU
```

(8)

```
SET TALK OFF
STORE "" TO XM
STORE 'Y' TO AW,BW
DO WHILE LOWER(AW)='Y'
   CLEAR
   USE 职工
   ACCE "输入姓名: " TO XM
   LOCATE FOR 姓名=XM
      IF FOUND()
         DISP
         WAIT "是否删除? (Y/N)" TO BW
          IF LOWER(BW)='Y'
             DELE
             PACK
          ENDIF
      ENDIF
   WAIT "继续下一次删除吗? (Y/N)" TO AW
      IF LOWER(AW)='Y'
        LOOP
      ELSE
        EXIT
      ENDIF
ENDDO
CLEAR
USE
SET TALK ON
RETURN
```

(9)

```
SET TALK OFF
CLEAR
STORE 1.0 TO E
FOR J=0 TO 100
E=E+1.0/FACT(J)
ENDFOR
? "E=",E
SET TALK ON
RETURN


FUNCTION FACT
PARAMETERS N
S=1
I=1
```

```
FOR I=1 TO N
  S=S * I
ENDFOR
RETURN S
ENDFUN
```

(10)

```
SET TALK OFF
CLEAR
DIME A(5)
STORE 0 TO I,J,T,MIN
FOR I=1 TO 5
   INPUT "输入数组各元素的值: " TO A(I)
NEXT
MIN=A(1)
FOR I=1 TO 5
  IF A(I)<MIN
    MIN=A(I)
    J=I
  ENDIF
NEXT
T=A(1)
A(1)=A(J)
A(J)=T
FOR I=1 TO 5
??A(I)
NEXT
SET TALK ON
RETU
```

习题 7 参考答案

1. 单选题

(1) C	(2) D	(3) C	(4) C	(5) C
(6) B	(7) B	(8) C	(9) C	(10) D
(11) D	(12) A	(13) D	(14) C	(15) A
(16) D	(17) A	(18) B	(19) C	(20) D
(21) D	(22) A	(23) C	(24) B	(25) C
(26) D	(27) A	(28) A	(29) C	(30) A
(31) B	(32) D	(33) B	(34) A	(35) A
(36) D	(37) C	(38) D	(39) B	(40) D

2. 填空题

(1) 对象,具体的物,某些概念

(2) 属性和特征,抽象的,具体的

(3) 类,对象

(4) 属性、事件和方法程序

(5) 需要用到的所有属性、事件,方法

(6) Parent. Object. Method

(7) 对象,属性、事件和方法

(8) 列表框、选项卡、属性值设置窗口、属性列表框和属性说明

(9) 对象,表或视图 　　　　(10) 文本,256

(11) 对象 　　　　(12) ColumnCount

(13) 类 　　　　(14) 布局

(15) .T. 　　　　(16) Load

(17) Click 事件 　　　　(18) 1

(19) Value 　　　　(20) 零或 0,多

(21) passwordchar 　　　　(22) enabled

(23) .F.

习题 8 参考答案

1. 单选题

(1) A 　　(2) B 　　(3) B 　　(4) B 　　(5) D

(6) A 　　(7) D 　　(8) B 　　(9) C 　　(10) A

(11) C 　　(12) C 　　(13) C 　　(14) B 　　(15) A

(16) C 　　(17) A 　　(18) C 　　(19) C 　　(20) A

2. 填空题

(1) 数据源,布局 　　　　(2) 组标头,组注脚

(3) 图片,通用字段 　　　　(4) 文件,页面设置

(5) 向导,标签设计器 　　　　(6) 自由表,视图

(7) 单表向导,一对多报表 　　　　(8) 布局

(9) 细节 　　　　(10) 分组表达式

(11) 组标头,组注脚 　　　　(12) 组标头,细节

(13) 标签设计器

(14) 报表向导,报表设计器,快速报表

(15) 列报表,行报表,一对多报表,多栏报表,标签

(16) 页标头区,细节区,页注脚区,标题,列标头,列注脚,组标头,组注脚,总结

(17) 报表设计器,普通报表,报表设计器,报表,数据分组

(18) 记录排序方式,分组方式相符

(19) REPORT FORM ＜报表文件名＞［PREVIEW］

(20) 带区

习题 9 参考答案

1. 单选题

(1) D	(2) A	(3) B	(4) C	(5) C
(6) D	(7) B	(8) C	(9) A	(10) A
(11) B	(12) A	(13) D	(14) C	(15) C

2. 填空题

(1) 顶层表单,2-顶层表单,Init

(2) RightClick

(3) Set Sysmenu Nosave ,Set Sysmenu to Default

(4) 子菜单,命令,过程

(5) Do＜菜单. MPR＞命令

(6) CREATE MENU

(7) . MNX,. MPR

(8) 热键

(9) \—

习题 10 参考答案

1. 单选题

(1) D	(2) D	(3) C	(4) B	(5) B
(6) D	(7) D	(8) A	(9) C	(10) B
(11) A	(12) D	(13) A	(14) C	(15) C

2. 填空题

| (1) 排除 | (2) 自由表 |
| (3) 代码 | (4) EXE |

读者意见反馈

亲爱的读者：

感谢您一直以来对清华版计算机教材的支持和爱护。为了今后为您提供更优秀的教材，请您抽出宝贵的时间来填写下面的意见反馈表，以便我们更好地对本教材做进一步改进。同时如果您在使用本教材的过程中遇到了什么问题，或者有什么好的建议，也请您来信告诉我们。

地址：北京市海淀区双清路学研大厦 A 座 602 室 计算机与信息分社营销室 收

邮编：100084   电子邮件：jsjjc@tup.tsinghua.edu.cn

电话：010-62770175-4608/4409 邮购电话：010-62786544

教材名称：Visual FoxPro 实验指导与习题

ISBN：978-7-302-21378-9

个人资料

姓名：_____ 年龄：_____ 所在院校/专业：_____

文化程度：_____ 通信地址：_____

联系电话：_____ 电子信箱：_____

您使用本书是作为：□指定教材 □选用教材 □辅导教材 □自学教材

您对本书封面设计的满意度：

□很满意 □满意 □一般 □不满意 改进建议_____

您对本书印刷质量的满意度：

□很满意 □满意 □一般 □不满意 改进建议_____

您对本书的总体满意度：

从语言质量角度看 □很满意 □满意 □一般 □不满意

从科技含量角度看 □很满意 □满意 □一般 □不满意

本书最令您满意的是：

□指导明确 □内容充实 □讲解详尽 □实例丰富

您认为本书在哪些地方应进行修改？（可附页）

_____

_____

您希望本书在哪些方面进行改进？（可附页）

_____

_____

电子教案支持

敬爱的教师：

为了配合本课程的教学需要，本教材配有配套的电子教案（素材），有需求的教师可以与我们联系，我们将向使用本教材进行教学的教师免费赠送电子教案（素材），希望有助于教学活动的开展。相关信息请拨打电话 010-62776969 或发送电子邮件至 jsjjc@tup.tsinghua.edu.cn 咨询，也可以到清华大学出版社主页（http://www.tup.com.cn 或 http://www.tup.tsinghua.edu.cn）上查询。

高等院校计算机应用技术规划教材书目

基础教材系列

计算机基础知识与基本操作（第3版）
实用文书写作（第2版）
最新常用软件的使用——Office 2000
计算机办公软件实用教程——Office XP 中文版
计算机英语

应用型教材系列

QBASIC 语言程序设计
QBASIC 语言程序设计题解与上机指导
C 语言程序设计（第2版）
C 语言程序设计（第2版）学习辅导
C++程序设计
C++程序设计例题解析与项目实践
Visual Basic 程序设计（第2版）
Visual Basic 程序设计学习辅导（第2版）
Visual Basic 程序设计例题汇编
Java 语言程序设计（第3版）
Java 语言程序设计题解与上机指导（第2版）
Visual FoxPro 使用与开发技术（第2版）
Visual FoxPro 实验指导与习题集
Access 数据库技术与应用
Internet 应用教程（第3版）
计算机网络技术与应用
网络互连设备实用技术教程
网络管理基础（第2版）
电子商务概论（第2版）
电子商务实验
商务网站规划设计与管理
网络营销
电子商务应用基础与实训
网页编程技术（第2版）
网页制作技术（第2版）
实用数据结构
多媒体技术及应用
计算机辅助设计与应用
3ds max 动画制作技术（第2版）
计算机安全技术
计算机组成原理
计算机组成原理例题分析与习题解答
计算机组成原理实验指导

微机原理与接口技术
MCS-51 单片机应用教程
应用软件开发技术
Web 数据库设计与开发
平面广告设计（第2版）
现代广告创意设计
网页设计与制作
图形图像制作技术
三维图形设计与制作

实训教材系列

常用办公软件综合实训教程（第2版）
C 程序设计实训教程
Visual Basic 程序设计实训教程
Access 数据库技术实训教程
SQL Server 2000 数据库实训教程
Windows 2000 网络系统实训教程
网页设计实训教程（第2版）
小型网站建设实训教程
网络技术实训教程
Web 应用系统设计与开发实训教程
图形图像制作实训教程

实用技术教材系列

Internet 技术与应用（第2版）
C 语言程序设计实用教程
C++程序设计实用教程
Visual Basic 程序设计实用教程
Visual Basic.NET 程序设计实用教程
Java 语言实用教程
应用软件开发技术实用教程
数据结构实用教程
Access 数据库技术实用教程
网站编程技术实用教程（第2版）
网络管理基础实用教程
Internet 应用技术实用教程
多媒体应用技术实用教程
软件课程群组建设——毕业设计实例教程
软件工程实用教程
三维图形制作实用教程